世界很大，努力的人总能闪耀光芒

苏林 著

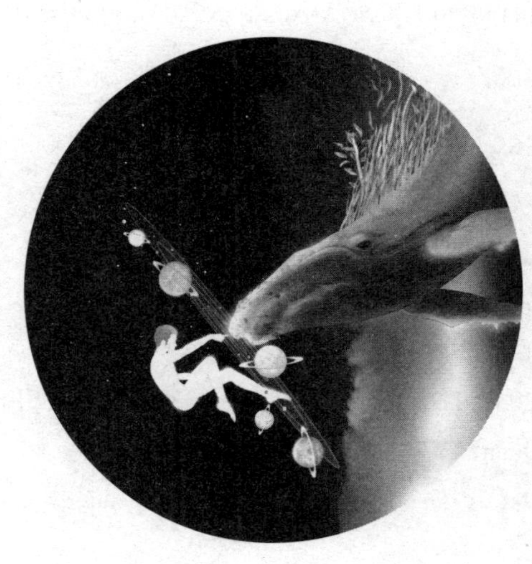

吉林文史出版社
JILINWENSHICHUBANSHE

图书在版编目（CIP）数据

世界很大，努力的人总能闪耀光芒 / 苏林著. -- 长春：吉林文史出版社，2020. 1

ISBN 978-7-5472-6499-7

Ⅰ. ①世… Ⅱ. ①苏… Ⅲ. ①成功心理-通俗读物 Ⅳ. ①B848. 4-49

中国版本图书馆 CIP 数据核字（2019）第 158813 号

世界很大，努力的人总能闪耀光芒

SHIJIE HEN DA NULI DE REN ZONG NENG SHANYAO GUANGMANG

著　　者 / 苏林
责任编辑 / 孙建军　董芳
出版发行 / 吉林文史出版社有限责任公司（长春市人民大街 4646 号）
网　　址 / www.jlws.com.cn
版式设计 / 文贤阁
印　　刷 / 北京欣睿虹彩印刷有限公司
版　　次 / 2020 年 1 月第 1 版　2020 年 1 月第 1 次印刷
开　　本 / 880mm×1230mm　1/32
字　　数 / 160 千字
印　　张 / 8
书　　号 / ISBN 978-7-5472-6499-7
定　　价 / 42. 80 元

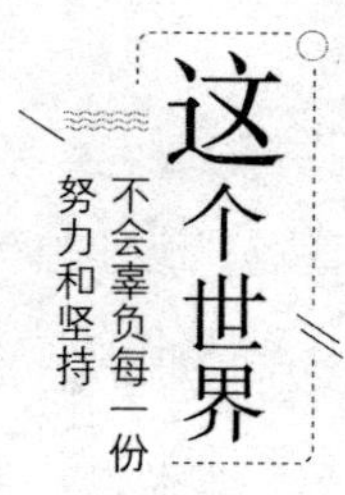

世界很大，唯有不懈努力，生命才能闪耀光芒，人生才有意义。

从大学毕业到今天，我很庆幸自己一直从事着喜爱的工作，一直和我钟爱的文字打交道。因为这份热爱，在追逐梦想的道路上，即使动荡不安，即使困难重重，因为内心笃定，便也甘之如饴。

毕业时，父母极力想要促成我进入体制内工作，但我拒绝了他们的安排。体制内朝九晚五的工作确实轻松稳定，但它无法给我我想要的东西，我也担心长久处在舒适区我的斗志会日渐被消磨掉。对于我来说，如果没有心中的热爱，纵使舒适安逸，也仍然会倍感煎熬。

每个人都向往安逸，可安逸对年轻人而言却可能是一个陷阱。作为二三十岁的年轻人，我们应该精力充沛、神采奕奕、充满理想、充满干劲儿，一眼就能望到头的生活不该是我们的归宿。在追寻梦想的道路上，我们可能会遇到重重阻碍，会受到无数次打击，有无数次想要退缩，但只要你能挺过去，你就能看到别样的风景。退一万步讲，就算坚持了许久，仍然没能得到一个理想的结果，此时再转变方向也来得及，年轻正是你可以不断尝试的资本。

所以，不要过早地追求安稳，不要害怕磨难，选择去承受挑战和风险，选择经受生活的摔打，这样不是为了让你青云直上，而是为了在面对工作、生活乃至爱情的时候，你能有更多的主动权。

很多人说，梦想谁都有，可是，现实是憧憬中的生活一直也没有到来。于是，你的初心被琐碎的生活不断磨砺，你也在梦想终抵不过现实的告诫中停止了追梦的脚步。这样的你不妨扪心自问，你梦寐以求的是理想还是空想？你为了理想做出努力了吗？如果你努力了，那么你坚持了吗？谁不是一边受伤，一边成长。无论你处在怎样的境地，我只盼望你能在本书中获得力量，然后，放下你的纠结，放下你的顾虑，朝着你的目标歇斯底里地奋斗！幸福可能会迟到，但从来不缺席。

另外，还要衷心感谢朋友们的鼓励和支持，没有你们，我很难创作出这本书。当朋友们知道我有出书的打算时，很多人主动联系我，将自己的人生经历和种种困惑分享给我，你们为本书注入了灵魂。

人生苦短，但请你不要被困难吓倒，不要妄自菲薄，这个世界不会辜负每一份努力和坚持！

目录

Chapter 1 不想被淘汰，就努力跑起来

Chapter 2 心中有了方向，就不会左冲右撞

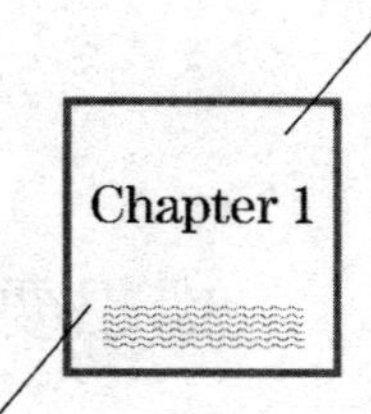

不想被淘汰，
就努力跑起来

Chapter 1

你想要的，别人不会慷慨给你

每个人都渴望获得利益、金钱、名利、地位等，这些东西需要你凭本事去换取，别人不会慷慨给你。靠别人施舍而不是自己努力得来的，永远都会患得患失。

娜娜在北京上学，毕业后一心想留在北京，她四处面试，最终找到了一份与财务相关的工作。那是一份在她的爸爸妈妈眼里还算体面的工作，所以父母也就放心了，没有要求她必须回老家工作，这让她高兴了很久。

可是好景不长，由于整天和财务报表打交道，让她觉得枯燥、烦乱，办公室同事的虚情假意让她厌烦。

她实在是不想继续这份工作。

朋友问她："不想工作，那你怎么养活自己？"

"我就想以后找个有本事的老公，他负责赚钱养家，我负责貌美如花。”

“假如老公薪水确实很高，你就辞职吗？可是做全职太太也不是那么容易的啊？”

“反正工作很痛苦，一点儿都不自由。只要不工作，我愿意做家庭主妇。”

娜娜才工作一年，说出的话还很幼稚，她不懂得为自己的生活负起责任。

工作赚钱肯定会有诸多不易，但遇到困难不想着去面对，而是希望被人解救，妄想不劳而获是不行的。一个成年人总要承担起生活的责任，没有人可以逃避付出。你想轻松自在，不想工作；想要爱情，想要呵护，想要有人养你……可是，生活哪能平白无故给你你想要的。

毛小姐是我的一个朋友，毕业后没多久就结婚了，她老公结婚的时候信誓旦旦地说：“老婆，以后你什么都不用操心，我养你。”

结婚初期，毛小姐的日子真的过得无比惬意。她老公很能挣钱，毛小姐每天除了做饭、收拾房间以外，就是喝茶、逛街，出入美容院，朋友们都羡慕她。

可是，时间久了，情况就变了。

毛小姐没有经济来源，花钱还大手大脚，这引起了她先生的不满。向别人伸手要钱的日子自然不好过。

而且毛小姐的先生在一家大公司做高管，工作压力非常大，如果工作上遇到了不顺心的事，回到家他就不会给毛小姐好脸色。

这在他看来是理所应当的，他觉得自己在外面那么辛苦打拼，回来妻子自然要对他言听计从，小心伺候。

前后巨大的落差让毛小姐不堪忍受，他们吵过好几次架，毛小姐觉得非常痛苦，甚至在离婚的边缘徘徊。但是思来想去，她又舍不得现在的生活，离了婚就什么都没有了，所以她就一边纠结，一边痛苦地继续生活。

有些人以为，男人赚钱养家是应该的，男人赚得多，女人就可以理所当然地不工作了。可是，做家庭主妇又何尝容易呢？那是一份全年无休的“工作”，需要足够的耐心和智慧。做一个合格的家庭主妇并不比做一个合格的职场女性容易，需要不断地默默付出，还不见得能得到家人足够的认可。做家庭主妇依然要承担责任，没有人可以只享受不付出。

人生的常态就是不断地学习、不断地努力，然后一点一滴得到自己想要的。没有谁的工作不辛苦，也没有谁的人生可以平白无故地享乐。

娜娜以为，不工作就能得到自由了。殊不知，成年人的自由都是有代价的。不想承担任何责任，不付出任何努力，还想要自由自在地生活，这无异于痴人说梦。

不工作，只是时间自由了，但财务不自由，精神更不自由。努力打拼并不是一件舒服事，为什么我们还要这么做呢？因为唯有如此我们才能活得体面、有尊严。

诚然，每一份工作都有辛苦、头疼、棘手的时候，但是在工作过程中获得的成就感和愉悦感，也是无可比拟的。

到现在我都记得第一次获得领导认可的时候，我得到了一笔五千块的奖金，我用这钱给我妈买了一件礼物，看到她笑得合不拢嘴的模样，我心里的那种愉悦，我至今都不会忘记。

还有后来当我的第一本书出版并得到读者喜欢的时候，我真的是做梦都会笑醒，这种成就感是我们每一个人都需要的。

提钱虽然庸俗，可是在得到物质回报的时候，也实实在在地会让人觉得努力工作是有意义的。

当我们用自己赚取的工资出去消费，看到自己喜欢的东西，能买得起的时候，给家人、伴侣、朋友买礼物的时候，真的会感到很幸福。

所以，不要抗拒工作，当工作遇到难题的时候，积极地去解决，踏实努力，一步一步靠自己获得你想要的生活。

我的健身教练考大学的时候选择了服从调剂，于是被分到了土木工程系。他一点儿也不喜欢这个专业，因此当时真的是非常痛苦。可既然已经进了这个专业，他还是认真学习了课程，毕业之后进了一家工程勘察设计单位做项目设计师。

可这并不是教练的兴趣所在，他爱运动，小时候还学过很多年舞蹈，所以，他周末会去健身俱乐部教课。

他说，这么长时间以来，他还是没能喜欢上自己的工作，但他还是会兢兢业业地去做，因为他需要这份工作糊口。但是，他不会放弃做教练，因为这是理想。

只谈理想会饿死，只谈生存会麻木。教练在生存和理想之间找到了一个平衡点，所以再辛苦他也是开心的。

你想要的一切，别人都不会慷慨给你。如果你想要一份美好的爱情，你必须让自己变得更优秀，才能吸引到同样优秀的那个他（她）。变优秀的方式有很多种，但什么都不想，什么都不做肯定不行。

如果你想有一份辉煌的事业，受别人敬仰，你要努力工作。

在最好的年纪，用努力代替抱怨，用行动代替幻想，默默地修炼自己，你终会得到你想要的。

Chapter 1

你自己不想展翅，谁能让你翱翔

我喜欢和有正能量、愿意不断进步的人交朋友。和这样的人在一起，你会觉得周身呈现出一种积极向上的氛围，继而大家会互相影响，一起往前走。

可也真的有些人明明知道自己身处困境，明明已经在不断地抱怨情况的糟糕，明明有更好的选择，明明已经被生活压得开始喘不过气，可就是不愿意改变。

有的时候，即便是愿意改变，也是三天打鱼两天晒网，最后往往不了了之。

我工作了一段时间之后，觉得学习理财知识十分有必要，然后我就开始摸索了起来。我读了大量关于理财方面的书籍，也会在网上查找一些理财人士的心得，并且虚心向身边有理财经验的人请教，就这样慢慢形成了自己的理财规划。时间久了之后，我也取得了不错的成果。

我觉得理财是很有益处的，有时便会跟朋友一起讨论相关的问题。我发现朋友们对理财是有需求的，只是大多像我刚开始那样无从下手。既然有渴求，又有学习的途径，我便鼓励身边的朋友进行理财。可是他们大多都持否定态度，有的觉得太麻烦，还得研究，有的干脆说做不了。

我问："为什么？"

他们说："我们不像你，工资高，家里条件也不错，不需要你负担什么，你也不需要还房贷，你当然可以买股票，买基金，甚至入股一些公司，我们哪有这些机会啊！即便你把那些好的理财书、有用的论坛给我们看，对我们来说能有什么用？"

这就是他们的理由，这就是他们的逻辑！

关于我理财取得的成果，他们的着眼点直接跳到结果，觉得是工资高、条件好、机遇多才有了现在的生活，他们看不到别人努力赚钱和不断钻研理财的过程。他们觉得他们要是处在别人的环境中一定也能成功，他们把自己的失败归结在客观条件上，而不从自身找原因。

我认识一位崔先生，他总是抱怨自己的工作有多痛苦，公司如何压榨，待遇如何不好，领导如何推卸责任，同事如何恶意竞争。可是天天叫嚣、抱怨，却不见他做出实质性的改变。有一次，他又在我面前老生常谈，那些话我都不知听了多少遍了，我实在忍无可忍，问他："既然干得这么痛苦，那辞职啊！"

结果他回复我："哎呀，你说得可真轻巧啊，现在工作多难找啊，我要是辞职了，还不见得能找到更好的呢！现在这世道，你想进一家好单位，那都得有关系，我没钱没人的，上哪儿找好工作去？现在这份工作虽然不理想，但也算是比上不足比下有余吧。"

我心想："既然如此，那你天天抱怨什么。"

既然你自己安于现状，不愿意努力，不愿意提升能力，渐渐被公司的其他人超越，那就别抱怨待遇不好，不要将自己的失败归咎于公司。

同事小蒋不止一次说过他想考研，聊天儿的时候，我发现他对于读研确实心生向往。我建议他尽力去试一试，考试的成本也不高，只需要付出一些时间和精力就可以了。

可是，一转眼三年过去了，他仍然经常嚷嚷着要准备考研，可最后计划又都没有实行。理由有一大堆，比如最近工作太忙了，实在抽不出时间看书复习，或是忙着考驾照，或是女朋友有事需要帮忙等。

总之，小蒋一直未能考研是因为他太忙了，乱七八糟的事情太多了。但是，他假日和女友出去旅游、周末约人聚会、在办公室里闲聊，倒是都没耽误。小蒋明明知道自己需要提升，也知道如何提升，可他就是懒得去做。你永远无法叫醒一个装睡的人，路就摆在他面前，他自己不走，谁也没有办法。

有许多人信奉“命运决定一切”的理论，当他们的生活不可遏止地走向糟糕时，他们把这一切都归咎于自己命不好，他们的观念里根本没有“凭借努力改变命运”的概念。

自己的一切失败不是因为自己不思进取、懒散堕落，而是因为别人占尽先机、条件优越、起点高、运气好。他们觉得这个社会特别不公平，负能量爆棚，生活越是糟糕，他们就越是抱怨不断，同时顽固地继续扮演失败者。

他们看不到别人为了成功在背后默默付出的努力、汗水、泪水，好像别人得到一切都是那么容易，他们看不到努力的价值和意义。

努力并不是一件多么高高在上、了不起的事情，生而为人，我们原本就应该为了获得更好的生活而努力，这才算不白来人间走一遭。

努力过后不见得立马就能看到成效，但努力和不努力的人生肯定不一样。我尊重一切凭自己的努力而生活的人，无论他们当下的境遇是好还是坏，至少他们的生活态度值得每一个人尊重。

人的一生会有怎样的境遇，客观条件固然会有影响，但真正起根本作用的是你个人的意愿，如果你自己不想展翅，没人能让你翱翔。

混得差，是因为运气不好吗

有些人一旦遇到挫折就归结于自己运气不好。毕业找不到工作是因为专业不行，工作了无法升职加薪是因为上司针对自己，找不着对象是因为现在的女孩儿太物质……你有那么特别吗？命运就那么喜欢和你过不去？

通过跟这些人接触，我发现他们喜欢用双重标准来定义自己的生活。自己混得不好，从来不在自己身上找原因，看到别人取得成功，想当然地认为人家是受到了命运的眷顾。闺密觅得良人是因为人家颜值高；同学出国深造是因为人家家里有钱，父母给铺路；朋友进入大企业是因为人家的专业好就业……

心里明明羡慕甚至忌妒恨，偏偏用别人“好运”来自我安慰，是怕自己懒惰、无能的真相被戳破后太尴尬吗？

表妹大学毕业后在求职路上备受打击，快三个月过去了还没找到工作，整天在家里哭天抹泪。

我问她："怎么回事啊，跟专业相关的工作都投了简历了吗？"

表妹张口便说："还能怎么回事啊，还不是因为我们中文专业找工作太难。"

我说："中文专业确实不是很好找工作，可这专业不是别人逼着你选的吧，大学都上完了你说这个也没意义啊。"

表妹说："那时候不是没考好，可选择的专业少嘛，我最烦学数学，所以选的这个专业。"

我又说："那总不能你们一个班的人都没就业吧，人家怎么就能找到呢？你也别光怪专业啊。"

表妹说： "人家要么家里有关系，要么就转行做别的了。"

我说："那你也可以找别的工作啊，现在专业不对口儿的多了。"

表妹说："可我学的就是这个嘛，其他的我什么都不懂，找起来更难了。而且现在就业本就是一年比一年难嘛。唉，我怎么这么不幸啊！"

看着表妹一点儿都没有自我反思的态度，我真想站起来走人，但是想到姑姑一家都为这事儿愁死了，我只好耐下心来给她讲了两个故事，希望她听完能有所长进。

小猛像我表妹一样，大学学的也是中文专业，毕业后也是就业难。真让他去写文章什么的，他还确实是干不了。但是，他又不愿意在家啃老，所以整天都在思索自己能干什么。所幸他口才不错，又对历史挺感兴趣，于是他灵机一动，想到自己可以去考导游证啊，于是他就成了一名导游。

导游是个很操心的工作，而且对体力也有较高的要求，但是小猛从不抱怨，他生性乐观、能说会道，把那些大爷大妈哄得合不拢嘴。他又因为对历史的热爱，私下做了很多功课，每到一处名胜古迹，他都能说出引人入胜的故事来。他把自己所学融入工作，每天兴趣满满、干劲儿十足，工资也是迅速往上涨。几年之后，小猛出来单干，他现在已经是一家旅行社的老板了。

说起专业不好就业，小猛和表妹那是一模一样，但小猛从不怨天尤人，而是积极寻求解决之道，所以两人的结果自然千差万别。

表妹整天说自己运气不好，可是专业是她自己选的，她哪有资格这么说。我认识的阿年倒比她有资格，可人家从没抱怨过一句。

阿年高中时候成绩一直不错，奈何高考那两天生了病，他是发着烧进的考场。最后，考出来的成绩倒也还算可以，可是距离他想报的那个学校的专业分数还差一点儿，而那所大学又很不错，于是他选择了服从调剂，最后被分到了物流专业。

这个专业和阿年喜欢的专业一点儿关系都没有，可结果都已经这样了，他虽然非常郁闷，但还是认真学习了这个专业。

毕业后，要从事物流专业就得从基层做起，很多同学都受不了就转做别的行业了。但阿年有自己的考量，他想积攒一些经验，然后去做采购。

刚开始，阿年每天在仓库里工作，不但工作环境闭塞，工作任务繁重，而且很少有节假日，但是阿年坚持了下来。后来，他又转去物流平台工作。两年时间里虽然受了很多苦，但是收获也很丰厚，他把物流行业的流程、门道都弄明白了，并成功进入一家大公司做采购专员。之后，一路升职，现在已经成为采购部门的老大了。

讲完这两个故事，我问表妹：“你还敢说，你混得差，是因为运气不好吗?”

一向嘴巴不饶人的表妹低着头，无言以对。

生活对我们每个人都是公平的，你究竟能有多不幸，值得每天都挂在嘴边?

如果你肯踏踏实实地去做好每一件事，克服每一个生活中的难题，吸取每一个前行中的经验和教训。那么，或许在日后的某一天，你真的就会成为那个怀才而遇的幸运人。

遇到挫折，扪心自问一下，自己是否足够努力，是否已经尝试了各种可能?别老把责任推给外因，你没有那么命途多舛。

你总是那么缺乏耐性，恨不得努力一下就能够一夜暴富；你总是那么贪心，付出很少就期望收获很多；你总是依赖他人，希望每一步都有人帮你。这样的你怎么能够成功?

请记住《破产姐妹》里的这句台词：“幸运是不存在的，努力才是硬道理。”

Chapter 1

你还这么年轻，为什么要急着扮老

人生的阅历越丰富，见识的人越多，我越觉得年龄其实并不是衡量一个人老不老的标准。我就见过很多人年纪已经不小了，可是看起来依然很有活力，很愿意去尝试新鲜事物。相反，倒是有一些人明明年纪轻轻，可是看起来却死气沉沉，奋斗、上进跟他们不沾边，升职、加薪他们也不关心，爬山、骑行更是千万别叫他们。这些人，年纪虽然还年轻，心却已经先一步老了。

我的堂哥就是这样一个人。

堂哥高中没考上，然后就辍学了，家里想让他上个技校学一门手艺，他也不愿意去，整天游手好闲地和一些狐朋狗友东混西混、吃喝玩乐。

他觉得在小小的县城里混出点儿名堂之后，大概一辈子也就那样生活下去了。对于未来、人生这类的问题，我想那时的他应该从来没有想过。

后来，家里给他找了份工作，在工厂里做工。堂哥虽然有了工作，可他在厂里依旧是混日子，三天打鱼两天晒网，不肯上进。

父母看不下去，就决定给他安排一门亲事。他们认为男孩儿结婚了，就该懂事了，就会懂得承担责任，可事实并非如此。

堂哥结婚后，依然好吃懒做，嫂子看不过眼免不了指责他，于是夫妻俩经常吵架。有了孩子后，情况更加糟糕，堂哥不做家务，不帮忙带孩子，每月那点儿微薄的工资也不足以养活这个三口之家，夫妻俩的矛盾更深了。每次吵得烦躁不堪了，可怜的孩子便成了他的出气筒。

后来，老婆就和他离婚了，儿子也跟了妈妈。

鸡飞狗跳的生活一下子安静了下来，堂哥也彻底失去了活力。那时候堂哥整天就像是迟暮的老人一般，每天睁开眼睛都不知道接下来的生活要怎么过，每一天都是重复昨天，要么就是在厂子里混日子，要么就是把朋友叫到家里来打麻将，或是和朋友出去吃吃喝喝。

结果有一天堂哥出事了。那天晚上，堂哥一个人待在家里实在心烦，就喝了很多酒，结果酒精中毒了。幸亏家人发现得及时，赶紧送往了医院，不然后果不堪设想。

躺在病床上的堂哥想想就后怕，自己差点儿就死了。这时候他想起自己已经很久没见儿子了，于是，出院后他就第一时间去看望了前妻和儿子。可是孩子见到他不但一点儿也不喜悦，反而非常害怕。看到这种情景，堂哥悔不当初。他想自己活得真是太失败了，到现在除了给家人制造麻烦外，一事无成。

经历了一次生死的堂哥终于醒悟了，他决定要出去闯荡一番。

他拿了几千块钱，买了火车票，就去了北京。

可是，他一没学历，二没工作经验，也没找到什么合适的工作，最后他成了外卖网站的一名送餐员。这一年里他寒来暑往，风里来雨里去，吃了很多苦，活了二十几年，终于体会到了赚钱的艰辛。过年回家的时候，虽然他没赚什么大钱，但是肯踏踏实实地工作了，家里人总算松了一口气。

家里的一位小叔叔在北京有一家药店，他对堂哥说：

“你送餐什么时候能熬出头啊，过几个月我打算到西藏去收购药品，你要不要跟我出去长长见识？”

此去路途遥远，我们都觉得堂哥肯定不会去，谁知他竟然一口答应了。

去西藏的这一趟堂哥把他前半辈子没吃过的苦都给吃了。他们才到青海的时候就已经有了严重的高原反应，头痛欲裂，呕吐不止。于是，众人赶紧住进了小旅馆。结果小旅馆条件极差，连热水都时断时续。到了晚上，气温一下子骤降十几度，堂哥扛不住，又发了高烧，直接住进了医院。

堂哥病好之后，这几个年轻人不达目的誓不罢休，仍然英勇地决定入藏。结果在路上车又坏了，他们被困在了一个前不着村后不着店的地方。幸亏后来碰到了朝圣的藏民，藏民经验丰富，告诉他们怎么去找补给，这帮人才得救。

总之，经历了种种艰难险阻，他们才终于收购了数量可观的虫草、红花等药材，并得以返程。

从西藏回来的堂哥真的是脱胎换骨，虽然被风吹日晒成了“黑煤球”，但他整个人的精气神都变得不一样了。听着他给我们讲述他们这一路上的奇遇，我们简直佩服不已，现在堂哥不但不再是众人眼中不成器的混混儿，还成了孩子们眼中阅历丰富的英雄。我看着堂哥眼中的神采、侃侃而谈的身姿，这才觉得他有了一个朝气蓬勃的年轻人的样子。

接下来，小叔叔要开始找门路，把药材卖出去，堂哥非常积极地说以后要跟着小叔叔一起干。他说，他之前二十多年的岁月过得毫无波澜，没有任何值得期待的地方，他的青春就像凋零的花儿一样，现在，他终于醒过来了，未来他一定要不懈奋斗，把以前荒废的时间补回来。

不知道你有没有观察过老年人的神态，他们的眼睛混浊呆滞，看着一样东西可以发呆很久，甚至一坐就是一下午。可悲的是，很多年轻人也有这样的神态。他们浑浑噩噩、懒散、颓废，宝贵的时间就在他们了无生气的日子里匆匆而逝。

很多人把自己这种颓废的状态归结于现代社会压力太大，可是生而为人谁活得容易，为什么有的人就可以活得朝气蓬勃、干劲儿不断？因此，不要再给自己找借口，你的死气沉沉和年龄无关，和你结没结婚，生没生孩子也没关。关键看一个人的心态，看一个人想怎样度过这一生。

所以，年轻人，别让你的朝气一点点死掉！

安逸——断送青春的刽子手

彤彤英语成绩优异，大学毕业后去了一家英语培训机构当老师，专业对口，作为刚毕业的毕业生来说薪资也还不错。

随着业务的熟悉，彤彤的任务不断增加，周末也常常被牺牲掉。她开始觉得吃不消，而且薪酬也没明显上涨，于是她果断辞职了。

她想女孩子还是应该做一份清闲的工作，于是到一家公司应聘了文员的岗位。可惜，干了三个月之后，她觉得这份工作也不理想。文员的工作非常琐碎、枯燥，再加上是最底层的职员，总是被别人使唤来使唤去的，而且这家公司的人际关系也很复杂，稍不留意就会得罪人。彤彤本来的意愿是这份工作风吹不着、雨淋不着，还不用操心，但现在事与愿违，所以坚持了半年多，她还是选择了辞职。

第三份工作是通过家里的关系帮忙找的。家人在她表舅开的一个小公司里给她谋到了一个可以坐办公室的职位。这份工作赚得不多，但是其他方面都很合彤彤的意。首先，距离彤彤住的地方很近，她再也不需要挤地铁了，每天早上她可以睡到天光大亮，吃完早餐，再不慌不忙地走着去公司。其次，晚上到点儿下班，周末也从不需要她加班。而且毫无压力，每天就是坐在办公室里处理一些她很快就能上手的小事情，这一切看起来简直完美。

每天彤彤都是早早下班，然后在家追剧、看节目，周末就叫上朋友聚餐、逛街。

在这期间，我曾经提议让她趁着时间充裕，学点儿新东西。她说："现在时间这么多，不急。"

结果，两年之后，她表舅的公司倒闭了，彤彤的稳妥生活彻底结束了。

从毕业到失业，差不多过去了四年的光阴，可现在的彤彤没有一技之长傍身，没有拿得出手的工作经验，也没有积蓄，与应届毕业生唯一的区别就是比他们大四岁，没有了他们的那种青春活力。

迷茫、颓废了一阵子，眼看着积蓄撑不了多久了，彤彤就又开始重新递简历、找工作，可是却屡屡碰壁、备受打击。

面对这种困境，彤彤的斗志依然没有被激发出来，她反而选择了彻底放弃抗争。和朋友们一通哭诉之后，她回了老家，决定让父母安排相亲，尽快结婚。结婚后，她就不用再出去工作了。

这期间她就一边积极相亲，一边随便找了份工作先干着。一年之后，彤彤高调宣布步入婚姻殿堂。她终于达成心愿，有老公养了。

彤彤的老公是外地人，在彤彤家所在的城市工作，婚后，双方父母凑首付给他们买了一套小房子，彤彤的老公的工资用来还房贷和维持日常开销。

彤彤和老公都不会做饭，所以周末基本上是到彤彤父母家蹭饭。后来，彤彤怀孕了，孕妇需要营养均衡，他们小两口儿就干脆住到了彤彤父母家，吃的饭菜和补充的营养开销由父母承担。

彤彤的父母如今本已经可以安享晚年，现在还要一日三餐照顾他们，等将来孩子落地，必然还要帮忙带孩子。

彤彤好逸恶劳，在同龄人都在拼搏的年纪，她通过一次次“趋利避害”的选择将自己推入堕落的深渊。当生活失去保障的时候，她不从自己身上找原因，重整旗鼓，而是选择用“婚姻才是女人的头等大事”来自我欺骗，用结婚来挽救自己失败的人生。

相亲是为了终身大事，怀孕生孩子是为了孕育爱情的结晶，但这些永远不是一个人选择不工作的借口和理由。

上有老下有小的小两口儿，原本应该在社会上打拼，让父母安享晚年，为即将出世的孩子创造一个好的生活环境，然而他们却自甘堕落，躲在年迈父母的身后，心安理得地享受安逸的生活。宁可忍受生活质量的一降再降，也不愿意为了自己、为了家人搏一搏。

小梦是我的高中同学，那时候她就不爱学习，整日沉迷于言情小说。所以高考的时候她也没考好，最后上了一个专科学校，读会计专业。之所以选择这个专业小梦是听从了家里面的安排，父母觉得学会计很实用，而且家里还能帮忙安排工作。

可是，进入大学之后，小梦觉得会计专业太过枯燥，而且还要学数学，这是她最厌恶的一科。于是她经常逃课，晚上消遣到凌晨一两点，然后一直睡到第二天中午。即便去上课，也多是在下面看手机。

大学岁月就在小梦的无所事事中匆匆而过了，一转眼，小梦已经是大三的学生，要开始实习了，可是她连会计证都没拿下来。

这时候，小梦才开始慌乱起来，想到自己一无所长又是专科毕业，看着招聘会上排起的长龙，她恐惧不已。

她不敢步入社会，她舍不得校园里的安逸生活，想到她的高中同学们都还在开心地上学，她就难受得想哭一场。最后，小梦决定专接本。

诚然，专接本可以提高自己的学历，这没有什么不好，许多公司的确对学历有要求。可是，小梦专接本的初衷不是为了提高自己，而是为了逃避社会，她只是舍不得过完安逸的大学生活。她从根本上的想法就有问题，如果她带着这种思想，再读两年大学，其结果还是一样的。

果然，小梦接本并未选择接她正在读的会计专业，原因是她再也不想学数学了。可是，小梦的学习成绩并不好，她可以选择的学校和专业是很有限的，再把需要学数学的专业减去，剩下的专业也不是什么好选择。她自己也很迷茫，不知道选什么。于是，便向朋友们求助，哪个专业好就业。

朋友们都问她："既然你不想当会计，那么未来你想做什么呢？根据你对未来的职业倾向来选啊。"可是小梦根本说不出自己想做什么。

我问她："你想当老师吗？你可以选小学教育或学前教育等专业。"小梦说："当老师多操心啊，现在的学生都是人小鬼大，很难管理的。"

我又问："那你喜欢和文字打交道吗？你或许可以报汉语言文学类的专业。"小梦又说："可我文采一点儿都不好，天天绞尽脑汁地写文章才不是我想要的生活。"

我说："也可以选择法学专业啊。"可小梦又觉得不妥，说："法学很难学的，要背诵很多东西，还得通过司法考试。"

最后，大家面面相觑，都无语了。不管选择哪个专业，要想学好总有困难之处，无论从事何种职业，都不可能轻轻松松就能把钱赚到手。小梦自己不愿努力，还挑三拣四，看来即将毕业的压力一点儿也没有让她清醒，她依然活在安逸的梦中。

最后，小梦便随便选了一个行政管理专业。两年之后，小梦毕业了，她依然是脑袋空空，就这么步入了社会，求职的时候，备受打击。

大学校园本是我们步入社会的跳板，我们在这里蓄积能量，为即将步入社会时所面临的种种挑战做准备。可是，小梦在这么重要的几年时间里却一味贪图安逸、追求享乐、不务正业、荒废光阴，导致最后一事无成。

安逸是最残忍的刽子手，它会把一个人身上的斗志、激情、活力等美好的东西全部扼杀。只有放弃安逸，选择努力，才能拥有真正的青春！

青春很短暂，值得我们意兴勃发、拼尽全力！

Chapter 1

别抱怨时间少，分明是你懒

暑假期间，亲戚家的一个弟弟到北京来看他的老同学，顺便旅游，我抽出时间请他们吃了顿饭。席间弟弟感慨万千地对我说：“现在总觉得时间不够用啊！”

我觉得挺奇怪，弟弟是个玩儿游戏的高手，经常跟人组队打游戏，感觉他挺闲的，怎么突然抱怨起时间不够用了呢？

于是，我问：“为什么突然这么说？”

弟弟回答说：“我不是一直很喜欢漫画吗？我想报个漫画班，可是一直没时间。学校的课程还是比较多的，我又是学生会的干部，之后还想申请出国留学，到时候就更没有时间学了。

“我还特想学吉他，也一直没安排上呢。我想着这些还是在国内学比较好，要不等我上完学年纪都大了，就太晚了。

“还有，以前中学的时候我们一帮朋友组了个旱冰队，我们都好久没聚在一起滑旱冰了，好怀念以前一起做追风少年的日子啊！”

我又好奇地问：“暑假时间这么长你为什么不报班学习漫画，或是约朋友出来滑旱冰呢？”

弟弟说：“唉，姐，暑假时间短啊，我从学校回来走走亲戚、见见朋友，忙忙这，忙忙那，假期一转眼就过去了。再说滑旱冰，现在天气这么热，谁有心情出去滑旱冰啊！”

“那我问你，你那游戏现在玩儿到什么段位了？”

说起这个，他一脸自豪地说：“已经是钻石了。”

我心想：这孩子有大把的时间来打游戏，怎么会时间不够用？

我说：“你把打游戏的时间用起来，早学会你想学的了。”

“这碎片化的时间哪能学得会漫画啊？”

“你现在是一个大学生，时间已经相对很充裕了，一年有寒暑假两个长假期，即便在学校里也是有很多课余时间的。等你将来工作了，你的时间会比现在少得多，可是还是有很多上班族能挤出时间来去培养自己的兴趣爱好。再说，想学漫画也不一定非得去报班，网上也有很多教程啊，随时都可以学习。你要是真想学怎么能没时间？”

作为一个成年人，我们的时间本就有限，谁也别妄想有大把的时间能留给你尽情去做你想做的事情，工作之后会变得更不自由。如果你把在大学里考驾照、学乐器等计划搁置，妄想等到工作之后再好好实现，那就是打错如意算盘了。

其实，你仔细观察一下就会发现，那些兴趣爱好比较多的人，他们大部分爱好都是利用碎片化的时间培养起来的。

不要小看碎片化的时间，把这些时间有效利用，能够做成许多事情。

我们上大学的时候，我的室友关关特别喜欢日本漫画，于是她报了日语班，学习日语。她并不是一时心血来潮，而是真的很认真地在学。

晚饭后她会戴着耳机，一边听日语录音，一边跟读，回到宿舍她通过看动漫和日剧来提高日语水平，并且不断练习，搞得我们宿舍成员都学会日语见面打招呼的简单用语了。

大学期间，关关不但通过了英语的四六级考试，还拿到了日语 N3 级的证书。毕业后，她又拿到了日语 N2 级的证书，还顺利进入一家日企，她是真正把兴趣爱好和工作结合了起来。

由此可见，只要你想学，时间总是可以挤出来的。

其实，我们大部分人的想法都差不多，对自己的规划也没有什么出奇的，差别就在于人与人之间的行动力不一样。

很多人都喜欢抱怨自己时间不够用，没时间去提高自己，可是明明已经知道自身需要提高了，还不改变，只是一味地抱怨时间不够用，有什么意义呢？不会的东西依然不会，与别人的差距越来越大。

一时落后不可怕，可怕的是明知道自己落后，还不思进取，最终一事无成。

当你抱怨时间不够用，并不是时间真的不够用，而是你太懒惰，懒得去学习，懒得去改变。

真正喜欢一件事，你便总能挤出时间去做。就像弟弟打游戏，他总能找到时间来打一局。

人生短暂，想做的事就要去做，想法太多、行动太少的人注定是一个失败者。

Chapter 1

生活不是每天麻木地重复

[1]

上次回家，舅妈让我劝劝表弟，他从毕业后已经换了好几份工作，每一份工作都做不长，现在又闹着要辞职呢！

我问表弟这份工作又怎么了，表弟苦着脸，给出的原因是工作太无趣、工资太低。

因为"工作无趣"，表弟不知道换了几份工作了。

我说："虽说能够从事自己感兴趣的工作是一件很美好的事儿，可工作毕竟是我们的一个谋生手段，钱是那么好赚的吗？你是去工作又不是去玩儿。"

表弟说："但是我在这里没有发展前途，工资太低了。"

表弟从事的是新媒体行业，他说他每天的工作就是复制粘贴纸媒的内容。公司的基本工资是三千五，如果发布的内容点击率高，就会有提成，但表弟从来没拿过提成。

表弟当初选这份工作是觉得工作内容比较轻松，压力也不大，可是做了没多久又嫌这份工作太没有挑战性了。

我问他：“你们部门有拿到提成的吗?”

他点点头，羡慕地说：“有啊，提成拿得多的月薪过万呢!”

我语重心长地说：“你嫌工资低，可这不是有工资高的吗?你有没有想过他们是怎么拿到这个水平的薪资的?”

“这个……”表弟一时语塞了。

我提醒他：“你是否留意过他们编辑新闻标题的时候是不是每条都重新编辑过?”

“不知道，可是刚入职的时候公司说直接复制粘贴就可以了。”他悻悻地说。

这么一看就知道问题出在哪里了。

同样是平台编辑，表弟月收入三千多，而有的人收入是他的好几倍，公司要求你最基本要有能挣三千多块编辑的水平，所以你就放弃了对自身的要求，放弃了成为收入过万的编辑的可能性。

一个优秀的编辑，会优化标题，会研究点击率，会提高配图视觉，增加评论反馈，甚至还会学习排版，熟知各个环节，这样才能做到真正的出类拔萃。

而像表弟这样每天麻木地重复着前一天的工作，自然没有任何进步，还会觉得非常无趣。如果不提高自己的认知，就是换再多的工作也是于事无补。

我之所以能发现表弟的问题，是因为我也是从这个阶段走过来的。我在毕业前夕曾在电视台实习过一段时间。当时，正好赶上我们那个栏目承担一档选秀节目，每天会有很多人咨询相关事宜。这种琐碎的工作自然就交给我这个实习生来做。

我每天都是在接电话，开始我觉得非常无聊和烦躁，觉得现实和自己的想象差距过大，每天都过得很不开心。

幸好那时候认识了一个人很好的编导姐姐，她告诉我说："你的工作看似很无聊，其实很重要，你从电话里可以得到很多重要信息，这对这次的活动是很有帮助的。与其每天麻木重复着同样的事，为什么不想办法让每天都不一样起来呢？"

我从她的话中受到了启发，开始打起精神来认真接听电话。每接通一个电话我都会认真记下选手们的个人信息，还多方了解选手的喜好、特长等，根据这些我们可以将比赛策划得更加引人入胜。

然后，我再将这些信息归纳整理，做成表格，保证每一场海选的顺利进行。

这样全力以赴地做着每天的工作我感觉非常充实。看着选手们尽情展现自我，看见每一场活动都顺利进行，想到这其中也有我的一份小小功劳，我感到非常荣幸。

最令我感到欣慰的是，我的工作获得了部门领导的认可。你的每一点付出，领导都是看得见的。

所以，那些看似无趣的工作，只是你没找到有趣的点。当你全力以赴地面对工作，和那些与你志同道合的人一起为了一个项目共同奋斗的时候，你真的会感觉每一天都激情满满。这种满足感是没有付出过的人不能体会到的。

无论多么机械简单的工作，都能在细节上分得出三六九等。许多人在一个岗位上做了很多年还是一事无成，原因就在于此。

任何一个岗位，你不去观察，不去分析，不去努力地做，都无法从中感受到乐趣。机械、重复地工作，只能感受到枯燥。这种状态无论持续多久，你都学不到东西。

[2]

青青才来公司不到半年，但是她部门的同事们却似乎都对她颇有微词，原因是大家都觉得她太爱抱怨了。

青青是名校毕业生，工作能力尚可，为人也挺和善，所以开始大家都对她印象还不错。特别是丽姐，因为资历比她老一些，所以出去吃饭的时候经常会叫上她，和她聊聊生活、谈谈工作之类的。

可是，渐渐地，丽姐就有点儿受不了了。虽然说生活不易，我们谁也免不了会有吐槽、抱怨的时候，可是青青身上的负能量实在太多了，让人难以招架。

她经常抱怨工作无趣，觉得上司的安排不公平，没有给她安排符合她才华的工作。她觉得她现在干的事情是在打杂，她看不到任何希望，简直就是在浪费生命。

目前，她对这份工作没有任何满意之处，只不过是因为没有什么积蓄，所以轻易不敢辞职。

时间久了，他们部门的人自然都不愿意跟她一起结伴吃饭、一起坐车回家。

作为他们那个部门除了青青以外唯一的女同事，丽姐所受荼毒最深，每天都要准点接收她的负能量。

其实，青青所负责的工作别人也不是没有做过，大家都是这么过来的。就拿“贴发票”这种事，丽姐起初也负责过这个工作，可她当年就处理得很好。

丽姐曾经说过，“贴发票”这种事表面上看起来确实没什么意义，可实际上涉及了公司很多方面的运营信息。

于是她一边贴发票一边做表格，将报销的数据按照时间、数额、消费场所、联系人、电话等记录下来。在整理数据的过程中，她了解了公司的很多运营情况，以及领导在处理公司事务时所遵循的一些常见的方式，进而对领导做事的意图有了一个更加清晰的了解。

于是，丽姐每次总是能把领导下发的任务处理得非常妥帖，自然就得到了领导的赏识。

天堂与地狱全凭个人选择。如果你视工作为一种乐趣，认真对待它，那你就会充满干劲儿；如果你视工作为一种义务，天天混日子，那你就会被负面情绪包围。

[3]

正式步入职场之前，我想我们每个人都会对职场生活有过憧憬。我们理想中的工作应该是：每一项内容、每一个细节都会让我们感到无比兴奋，然后我们会带着无与伦比的热情去应对工作中的每一次挑战。

可是当我们真的步入职场，才发现根本不是那么回事。

即使再好的工作，也会有让你感到十分无聊的部分。例如冗长的会议、各种需要上交的表格、烦琐重复的流程……但是，你不能因为工作中存在的这些部分就否定整份工作。

如何对待工作中令你感到无趣的那一部分，恰恰能反映一个人在职场上的心智成熟程度。

那些总是抱怨的人，心智太不成熟了，如果连琐碎的工作都做不好，也就不要妄想自己能够处理更复杂的工作了。

而成熟的人会尽可能地把手边的事情做好，然后努力从这件看似无趣的事情当中获得最大的益处。

经常有人抱怨生活不如意，工作一团糟。殊不知是因为你自己每天麻木地混日子才导致你的工作一团糟；是因为你自己每天麻木地混日子才将自己淹没在了自己酝酿出的负面情绪里而看不到一切美好的事物。

不要再混吃等死，不要再碌碌无为，生活不是每天麻木重复，趁着年轻，去练就忍耐豁达的内心，去接受风霜雨雪的洗礼，去追寻你的梦想，去燃起内心的激情吧！

Chapter 1

努力并不是一件丢脸的事

比起我丑、我胖、我穷、我土、我弱、我内向、我自卑，其实，更让人难开口的是，我努力。

[1]

听过这样一个故事。

一个上大二的姑娘说她不敢去图书馆上自习，因为每次她要去学习的时候，她们宿舍的五个女生就会说她。

“哇，小莉又要刻苦去啦！”

“小莉，你这是要得一等奖学金的节奏！”

“你要是这学期拿不到奖学金，我都要怀疑人生了！”

小莉低着头说道：“没有，我是去看闲书、看小说，没学习。”

“我才不信呢，你太刻苦了，哪像我，太懒了。”

“是啊，我要是有你一半努力，上学期就能拿到一等奖学金了，唉，二等奖学金比一等奖学金少一千呢。”

“小莉，和你这个学霸在一个宿舍，我们压力好大的。”

实际上，从大一到大二下学期，小莉一次奖学金都没有得过。而宿舍其他五个女生，都得过奖学金。

小莉真的很想得奖学金，她很努力，既不看电影也不追剧，一有时间就去图书馆上自习，可是她就是得不到奖学金。

在学校，一定存在那种很努力，但成绩不是那么好的学生。他们为了能够跟上其他学生的步伐，拼命地学习，但还是成绩平平。

小莉本来可以光明正大地去图书馆上自习，但在这样的宿舍环境下，她不得不掩饰自己的努力，生怕被别人知道。如此一来，她就更难一心一意地学习了。

有一种伤害是，吹捧成绩不好的人很努力。

希望有一天小莉可以不用忍受这种伤害，可以义正词严地对她那些舍友说：“是啊，我努力，我很努力！”

[2]

曾经有一个读者向我取经，问我怎么才能通过英语四级，他被英语四级折磨得很痛苦。

其实我的英语也不厉害，所以也没有资格具体指导他什么。

聊天的过程中我发现，他痛苦的其实并不是英语四级不能过，而是对自己的怀疑和自我否定。

读者说，他已经考了四次英语四级了，但是都没有过，而宿舍的其他人一两次就过了，而且还不怎么备考。

前两次没有过，他就一直告诉自己，是他不够努力，只要认真复习一次，绝对能过。

可是，当他认真准备了半年之后，只考了 421 分，还是没有过，那个时候，他很绝望。

后来他的自信心越来越弱，他很害怕宿舍的其他人用异样的眼光看待他，所以他备受煎熬。

他妈妈打电话来问他英语四级过了没，他说没过，他妈妈便说让他不要打游戏，要好好学习，不然就对不起父母。

他很想说自己真的很努力，没有打游戏，可是话到嘴边就是说不出口。

我知道，一个人默默努力但是还被父母误解为不努力学习，他的心中一定很苦闷，而更痛苦的是他产生了自我怀疑和否定。

我在以前的文章中说过一个观点。

很多成绩不好的孩子，都曾经至少认真努力过一次。他们之所以变得不爱学习了，是因为他们努力后没有取得理想的成绩时，父母和老师也没有正确地鼓励和善待他们。所以他们就用不认真听讲、不写作业来捍卫自己的智商，以表现出他们之所以成绩不好，是因为他们没有认真学习，并不是因为智商的原因。

所以，家长和老师，请您尊重孩子的每一次努力，请您再耐心一点儿，暂时没有取得好成绩不等于他们没有努力过。

[3]

因为这个读者的发问，让我想起了我认识的一位吴小姐。

吴小姐一度迷恋看小说，可以说是到了痴迷的程度。在读了很多的书之后，她萌生了自己写的想法，加了几个网络写手群，认识了一群作者。

别人随便一写就能得到编辑的认可，便能签约，但是她写了三年也没有签约。她一次次地查资料，分析优秀作品的架构和情节，不断地完善写作大纲。

有一次，她默默写了 20 万字，她认为这一次肯定能签约，因为她写得真的很用心。

为了这 20 万字，她牺牲了自己很多时间，但她怀着无比期盼和激动的心情把文字投给编辑之后，却收到了退稿信。

那个时候，她开始怀疑自己了，她觉得自己可能真的没有写作天赋，如果再坚持下去，可能就是逆天而为了。

于是她放弃了，不再动笔，也退出了写手群。但是每一次想到写一本属于自己的作品的梦想不能实现时，她就特别伤心，经常崩溃地大哭。

后来，在我们的劝说下，她才又拿起了笔。到第六年的时候，她顺利签约，而且书卖得还不错，算是实现了写一本小说的梦想。

当她成功之后她才告诉我们，她说停笔的那段时间其实脑中还有其他构想，但那时候就是不敢写了，她怕别人嘲笑她努力了那么久，写了那么多字，其实都是垃圾。她越是看到周围的人写一本成功一本，她就越发没勇气尝试。如果不是我们时不时地鼓励她，她有可能就真的再也不写了。

[4]

在前往成功的路上，我们很怕被人说成是一个努力的人。这是因为我们很怕自己明明努力了却没有成功，就会被别人认为是智商有问题。

然而，努力是一种美好的品德，它应该暴露在阳光下。

Chapter 1

连承认自己努力的勇气都没有，成功怎么放心把自己交给你！

我希望，真正努力的人可以自豪地说：“是啊，我就是很努力啊！”

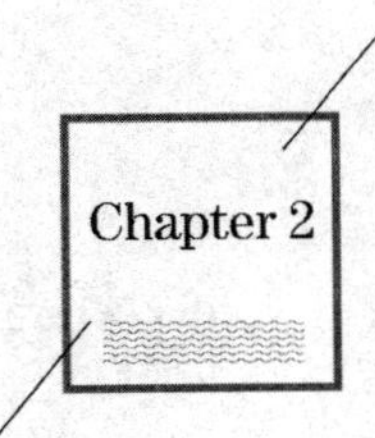

心中有了方向，就不会左冲右撞

Chapter 2

心中有了方向，就不会左冲右撞

一大早，小晴兴致勃勃地出现在我家，将一本商业杂志打开到某页，放在我面前对我说："这是姐第一次独立采访并撰文的文章，你看看怎么样？"

"呀，你现在厉害啦，那我得赶紧拜读一下。"看着小晴得意的神情，我笑着说。

随后，庄园的脸映入了我的眼帘。

我惊讶地喊出来："这不是咱们的老同学庄园吗？他成青年企业家了呀，还因为做慈善上了知名杂志，真是太有出息了。"

小晴说："是啊，那天我采访之前还以为是同名同姓呢，没想到真是他，当时我就迫不及待想告诉你，又怕我的文章夭折，想着还是直接把杂志拿给你比较惊喜。"

说到庄园，又不得不说到姚洋，这两人是一对表兄弟，都性格开朗、能说会道，给我们枯燥的学习生涯增添了不少光彩。

姚洋非常聪明，是名副其实的学霸，深受老师喜爱；庄园成绩倒没那么突出，但是性格和善、情商极高，在我们班人缘极好，有时候同学们闹了矛盾，他还经常充当调解员。

姚洋是老师心目中考名牌大学的料，而庄园志不在读书，他把经商当成他未来的人生目标，他的理想便是成为大企业家。彼时我们都认为他是年少轻狂，听完后笑笑，谁也没有当真。

庄园比较理性，对未来有很清晰的目标，他在本子上写下他构想的人生蓝图，未来应该怎样走，他都有计划。

而姚洋比较感性，他觉得人生充满意外，计划赶不上变化，没有必要制定那么具体的目标，只要当下不后悔就行了。

高考成绩出来后，姚洋果然考上了首屈一指的高等学府，学习了历史专业；庄园考上了一个二本大学，学习了商业管理。毕业后我们的联系就逐渐少了，久而久之，就完全失去了联络。

Chapter 2

没想到今天庄园会以这样的方式出现在我的视野中，他真的创业成功，成了老板，实现了自己当年的豪言壮语。想到这里，我不禁好奇我们班的第一名姚洋怎么样了。

我问小晴："姚洋现在在做什么？想必他也混得风生水起了吧。"

小晴说："本来我也是这么想的，但在庄园那儿一问，才知道不是这么回事儿。"

原来，姚洋大学学的专业比较冷门儿，不好就业，他又不愿意当老师，就转行干了别的。刚开始是和几个老同学风风火火地办了一个辅导班，给学生们补课，大家本来觉得他一个学霸做这个倒也合适，结果这一行竞争太激烈，他们招不到多少学生，结果越干越赔，只好散伙儿。

创业失败后，他老老实实去上班了，在一家影视公司任职。但那家企业起初挺不景气的，挣不到什么钱，他就又辞职了。庄园说，姚洋也是差了点儿运气，他要是能在那儿坚持下去，现在也就有前途了，前段时间听说那家影视公司制作的一部网剧火了，现在那家公司的身价自然也是水涨船高。

后来，姚洋又考了公务员，听说现在是在一座小城市的政府部门工作。这份工作虽说稳定，但听庄园说，他干得也不顺心，他们的工作细碎烦琐，约束众多，且上升空间十分有限，再加上体制内讲究论资排辈，想要混得游刃有余着实不易。况且，姚洋本就不是那种长袖善舞、左右逢源的人，自然免不了要受冷落。

看着学生时代一起耍宝的两兄弟迥然不同的人生境遇，我不禁陷入了沉思。

被老师寄予厚望的优等生姚洋为什么干什么都不成功呢？我认为其症结就是他的心中没有方向，四处乱撞，自然头破血流。姚洋对自己的人生毫无规划，缺少思考，想一出是一出，一会儿去创业，一会儿去打工，一会儿又去考公务员，什么都想抓，最后自然什么也抓不住。

创业全凭一腔热血，没有考虑学生从哪里来，被别的教育机构挤得没了生存空间才抓瞎。上班的时候，缺乏耐性和长远眼光，看到眼下挣不到钱就急匆匆地辞职。考公务员更是盲目，对自己缺乏清醒的认知，姚洋确实头脑聪明，但是性格不够圆通，脾气较直，不擅长察言观色，因此他自然难以摸清领导的心思。

而反观庄园，虽然他没有姚洋那么聪明，但他目标明确、性格顽强，清楚地知道自己想要什么，全部心力都往一处使，而且他擅长交际，如此一来，他怎么能不成功呢？

阿基米德曾经说过："给我一个支点，我就能撬起地球。"由此可见，再艰难的事情，只要你找到那个支点，朝哪个方向努力，都有成功的可能。许多人之所以失败，就是不先去找那处支点，乱用力气，导致力量分散，筋疲力竭。

我们生活中有不少像姚洋这样的人，非常盲目。仗着自己有些小聪明，东一榔头，西一棒槌，想把自己变成一个多面手，殊不知"贪多嚼不烂"，人的精力是有限的，这样做的结果就是哪一项工作都没做好。

所以，你一定要确定好自己心中的方向，别再像没头苍蝇一样左冲右撞了。

所有的干劲儿，都源于梦想

梦想是一种信仰。

有梦想的生命，就像被甘霖滋润着的绿植，由内而外散发着蓬勃的生命力，如此鲜活，最是耀眼。

每次想到那些为了梦想而奋不顾身的故事时，M 先生的身影就会出现在我的脑海中。

M 先生从小就热爱摄影，有时候他会把父亲的旧相机带到学校里捕捉镜头。

升入高三之后，父母便不再让儿子整日摆弄相机，而是要他好好学习，安心备战高考。

M 先生也像大多数人那样听从了父母的建议，把梦想埋在心里。

M 先生的成绩不算优秀，只考上了专科学校，又在父母的安排下，选择了自己不那么喜欢的专业，然后就开始了按部就班的大学生活。

由于对所选专业兴趣不大，M先生每天就是浑浑噩噩地混日子，他一度灰心丧气，不知道自己的出路在哪里。

直到那天，下午上完课的M先生从教室出来，抬头看到云霞浸染的天空美得让人心醉，他赶忙回到宿舍拿出了相机，拍下了一组云霞的照片。之后，他把照片传到朋友圈中，得到了大家的一致赞扬。在舍友们的鼓励下，他拿这组照片去投稿。没想到其中一张照片被一家杂志选用，他也因此得到了一笔稿费。

他突然间顿悟，摄影不只是他的一个小小的爱好，它是一个梦想，它应该成为自己为之不懈奋斗的事业。进入大学的半年时间里，他过得如行尸走肉一般，但拍晚霞的那一刻，他很认真、很快乐、很充实。当自己的摄影作品被认可的那一瞬间，他充满了成就感，发自内心地感到幸福。

他决定改变现状，不能再稀里糊涂地生活了，他需要规划自己的人生。他开始一边上课，一边自学摄影技术。他长时间地泡在图书馆，如饥似渴地看摄影类书、逛摄影论坛、看网上的摄影教程等，并积极实践，一有时间就带着相机穿梭在校园、野外、街道、车站等地点拍摄照片，哪怕是一处断桥、一个荒废的破旧工厂、一条落满树叶的街道，在他的镜头下都各有各的美。

转眼间到了毕业季，M 先生来到北京先找了一份摄影助理的工作，然后又报了一个摄影培训班，一边赚钱，一边学习。

由于工资微薄，又要支付学费，M 先生不得不节衣缩食，住地下室，吃方便面，一件新衣服都舍不得买。

课程结束之后，M 先生做起了摄影师，生活也逐渐稳定了起来。可是这离他真正的梦想还很遥远，他要做的不仅仅是一个每月拿着固定薪水，拍拍模特儿的摄影师，他想要拍摄真正反映生活、直击灵魂的照片。他觉得他还需要继续深造，他日夜期盼能去在国际上享有盛誉的欧洲设计学院学习摄影。

他的这一想法遭到了父母的一致反对，他们觉得儿子的想法太疯狂，放弃稳定的工作，跑到一个语言不通的国家去受罪。

然而，梦想召唤的力量太强大了，尽管他从来没有学过西班牙语，连英语都说不利索，M 先生还是毅然决然地坐上了飞往他心目中艺术天堂西班牙的飞机。

到了西班牙，M先生一边上摄影课，一边学习西班牙语，还要想办法兼职打工，努力维持生活。

由于语言的限制，他什么工作都不挑，刷盘子、送牛奶、搬运重物、打扫卫生……只要能挣到生活费，他什么活儿都肯干。冬天的时候天还没亮，M先生就已经骑上破旧的自行车开始送报纸了。别人在温暖的被窝做梦时，他却在为梦想和生活抗争着。天亮之后，他要赶快到学校去上课。下课之后，他又要去餐厅的后厨帮忙。每天晚上回到家他都觉得自己快要累散架了，可是还不能休息，晚上是学习西班牙语的时间。

每次他觉得自己就要撑不下去的时候，他就在心里安慰自己：都是为了梦想！

工作、学习之余，他就拿起手中的相机去记录眼前的生活，街头的表演者、恩爱的老夫妻、天空中盘旋的海鸥，甚至海滩上的石头都被他拍进相机。

学成归来之后，他继续奔赴在追逐梦想的道路上。现在他已经是国内卓有成就的知名摄影师，我们正是在他的摄影展上认识的。

如果不曾追逐梦想，他可能就像很多人一样，上着普通的大学，做着普通的工作，庸庸碌碌地了此一生。

有很多人说梦想是奢侈品，在现实面前，我们不得不放下它。为了挣钱、为了买房、为了赡养父母，人们摆出了很多放弃自己最初梦想的理由。可是放弃梦想的他们就能过好这一生吗？赚到大钱了吗？买到大房子了吗？妥善安置好父母了吗？大部分人还不是每天谨小慎微地活在各种焦虑里，无法自拔。所以，那些理由不过是你懒惰、怯懦的借口罢了。

我也曾在梦想面前徘徊、犹豫过，我不知道选择和文字打交道是不是一个华而不实的梦想，不过庆幸的是，这一路虽然曲折，但我仍然在前行。虽然受过煎熬，但我觉得我的路越走越清晰，当你知道你想要的是什么，并为此充满干劲儿的时候，感觉真的很美妙。

不是每个人都能找到一个足够清晰的梦想，也不是每个人都有足够的勇气不顾一切地拥抱自己的梦想。但请相信，拥抱梦想的人，即便他在经历苦难，也依然是幸福的。

Chapter 2

梦想是怎样被搁浅的

叶子跟我说，前不久他们班有个同学休学去旅行了，叶子羡慕得很，也希望成为像她那样敢说敢做的人，可惜她说自己永远都做不到。

我说："只要你愿意，你也可以成为一个敢说敢做的人，用不着天天眼巴巴地羡慕别人。"

叶子却自嘲地笑了。

过了一段时间，叶子又说他们班上一个女生琵琶弹得特别好，在一次民族器乐大赛中得了第一名，还上电视了，言语之中满是钦佩。

我说："你不是也从小学了很多年古筝吗？你要真的喜爱音乐，你也可以把它捡起来，成为这方面的佼佼者。"

可是叶子却说，她总是不能全身心地投入其中，要顾虑很多的东西，比如学习、父母等。

叶子就是这样，明明心中有梦想，却总因为这样那样的事情而搁置，大学课余时间那么充裕，她完全可以做自己喜欢做的事情，可她瞻前顾后，把时间都浪费了，然后又整天羡慕别人、暗自嗟叹。

叶子从小学到初中学了很多年古筝，因为这项技艺她从小可谓是出了不少风头，经常在亲戚朋友面前表演。

等到上了高中，她妈妈觉得好好学习、考个好大学才是要紧事，搞音乐这条路走起来风险太大，做个生活中的消遣即可，以后可以业余时间弹奏。

叶子觉得妈妈说得有道理，所以就不再上古筝课程。但是她对民乐兴趣并没有断，还是经常琢磨乐器，并没有一心一意学习。

到大学之后，按理说成年了，对自己的梦想应该有更清晰的认识，时间也充裕，但叶子优柔寡断的性格又成为很大的阻碍。她觉得妈妈说得有道理，应该先把学习搞好，这样毕业后才能糊口，至于古筝，等以后工作了有的是时间来弹。

叶子上的是一个中等的大学，按照家里的建议学了金融专业。像叶子这样一个喜欢艺术的小姑娘对金融专业自然是兴趣不大，所以学业完成得马马虎虎。

梦想没有坚持，学业也并不出色，两头都没顾上，只能在对别人的羡慕中蹉跎岁月。

其实叶子真正喜欢的是古筝，能在民乐演奏上获得成就才是她真正向往的生活，可是她缺少为了梦想一往无前的勇气。她想要先为自己铺设好一条后路，然后全身心地去追求她的梦想。但当她真的把后路都铺好了的时候，还能想起当初的梦想吗？那时候就能腾出时间来练习古筝了吗？

人们就是这样，一旦向现实妥协，就再也看不见头上那绚丽的天空了。

说到这里，我又想起了我的一位同学，她叫阿乔。

阿乔从小喜欢画画，高中的时候，她的成绩不太好，于是成了一名美术特长生。学习美术花费很高，而且也不知道将来有没有出路，所以班上不少学生都放弃了。但是阿乔没有这方面的顾虑，她家条件很好，完全可以支持她完成梦想。

高中的时候，阿乔学美术很刻苦，后来也考上了不错的大学。

大学期间，我经常在朋友圈看到阿乔到全国各地去写生，照片中的她看起来热情洋溢、充满力量。

可是后来他们专业要分班，学生们根据意向可选择学设计和教育两个方向。我以为阿乔当然是选择设计方向，可是她却更倾向于选择教育方向。她的理由是，设计方向太难了。

我说："如果学了教育方向，将来不就是当美术老师了吗？那你开画展的梦想不要了吗？"

阿乔说："当美术老师也还是和美术有关啊，不算和我的梦想背道而驰，我先有一份稳定的工作，再利用业余时间精进画艺也不错啊。"

于是，阿乔选择了更为简单的教育方向，毕业后顺利成了一位美术老师。可是，很多年过去了，她仍然是一位教孩子画画的美术老师，我不知道她有没有用业余时间精进画艺，但成为画家、开画展这样的话她再也没有讲过。

很多人就像叶子和阿乔一样，不断地给自己留后路，总想等一切稳定了再去实现梦想，殊不知梦想越往后拖，实现的可能性越小。

人们总是习惯性地说"以后"，可是我们的人生不是从以后开始的，而是从当下开始的。

实现梦想的道路不会那么容易，梦想不会就在你头顶，让你轻轻跳一下就够到了，可能需要你跳十下、五十下，腿都酸了还没够到。等你年岁大了，力量小了，时间少了，你就更难够到了。所以，你要尽早开始准备。

你想要过什么样的人生，走什么样的道路，从现在开始就要朝着那个方向努力，不负最美好的青春年华。

把梦想寄托在未来，梦想只能搁浅。本该追逐梦想的青春岁月就尽情挥洒汗水、拼搏进取吧！

你的梦想难道要别人帮你买单吗

星子一直以来都有一个出国留学的梦想，进入大四以后她的这个想法就一直蠢蠢欲动，但是她成绩一般，无法凭本事拿到奖学金。而她的父母也不过就是普通工薪阶层，读大学的费用对她的家庭来说已经是不小的压力了。现在如果再送星子出国留学，她的父母就得把养老的钱拿出来，这还不一定够。

朋友们都劝她放弃，他们说想要有光辉的前景，不一定非得出国留学。她却坚持说出国留学是自己的梦想，一定要实现。因为实力不足，星子有点儿急病乱投医，找了不少中介，光中介费就花了不少。亲戚朋友们都觉得星子没有必要如此执着，可是她的父母却不忍心打碎宝贝女儿的梦想，打算想尽一切办法也要支持女儿去留学。

这件事情真的是刷新了我的三观，自己的梦想却要强迫父母来帮忙实现，这简直是玷污了“梦想”这个词。想出国留学，不自己好好努力，却要用父母的钱来砸。况且，出国留学是为了更好地提升自己，找中介上个外国 N 流的大学，混几年，对自己能有什么帮助？这本身就失去了留学的价值。

星子已经是一个成年人了，可她完成梦想的方式是靠父母买单，她理所应当地认为父母的钱就是自己的钱，如果父母自己留着不给她花，就是对不起她，却忘了那是父母毕生的积蓄，是他们用来养老的钱。

现代社会中有很多这样的人，他们打着梦想的旗号，要别人无条件地支持、迁就自己，自己却没有为了梦想而奋不顾身地去拼搏。

不单单是星子这些没有走出校门的学生是这样，有很多已经在社会上打拼了很多年的成年人也是这样。

金先生因为工作原因常年与老婆、孩子身处两地。金先生独自一人在上海打拼，妻子则在老家照顾孩子。为了能和妻儿团聚，金先生一直有辞掉上海的工作回老家创业的打算，况且这本就是他年轻时候的梦想，他觉得现在生活已经完全稳定，孩子也上学了，他应该来实现自己的梦想了。

这本无可厚非，但他希望父母出资来支持自己创业。可父母觉得他放弃现有的稳定工作而去创业风险太大，因此并不同意他的做法。金先生为此愁苦不已，对父母也是颇多怨言，觉得是他们阻碍了自己实现梦想，让自己成了一个平庸的人。

金先生早已过了而立之年，却还没有明白自食其力的道理。父母的钱是父母辛苦挣来的，父母若是愿意给你，那是他们的一片心意，如果留作他用也是理所当然的事儿。

金先生要创业那是他的自由，可是他似乎并没有准备好，工作多年也没有可用于投资事业的积蓄，摊开双手就向父母要，这和小孩子有什么区别？

如果你真的有梦想，你想创业，那你就为了这个梦想去拼搏进取，两手一摊那不叫追梦，那是在做梦。

我们有幸生活在一个和平安定、信息开放、思想宽松自由的年代，数不清的成功人士的案例似乎都在告诉我们，要怀揣梦想，只要有梦，就有实现的可能。

朋友圈的代购、微商也纷纷打出“追梦”的旗号，一天N条信息，频繁刷屏，请求友邻支持他们的梦想。我们似乎处在一个全民追梦的时代，每个人都热血沸腾，每个人都在义无反顾地追梦。

Chapter 2

大学隔壁班的琪琪就是这样一个狂热的“追梦”分子，每天在朋友圈疯狂刷屏，全方位展示着她的产品。不过好像效果不佳，她的面膜大多数时间无人问津。后来，我实在不胜其扰，便在朋友圈屏蔽了她的消息，渐渐地，我便把她做微商的消息抛之脑后了。

过了一段时间，有一天，她突然来找我聊天儿。

说实话，我们不是很熟，大学不是一个班的，只是在开会或活动的时候说过话，毕业之后就没什么交情了。她突然和我寒暄起来，我不免觉得有点儿奇怪，但毕竟是老同学，就和她聊起了近况。

几分钟之后，她问起了我的皮肤状况，我才恍然大悟，原来她是想向我推销她的面膜。

她把那款面膜夸得天花乱坠，简直能解决皮肤的一切问题，可是对我来讲却并没有吸引力。因为第一，我的皮肤比较敏感，我不会随意尝试新的品牌，而且我平时有自己喜欢的面膜品牌；第二，她卖的这款我以前从未听说过的面膜，卖的价格着实不便宜，所以我就婉言拒绝了。

她不依不饶地说：“咱们都是老同学，你还不相信我吗？我身边的人用过都说好。”

我连忙说：“我不是不相信你，只是我皮肤敏感，不好随意更换品牌。”

没想到她说：“你还真是无情，连老朋友的梦想都不肯支持。”

然后，她就把我删除了。

我真是无话可说，这些人把梦想捧上了天，说得无比神圣，可结果他们梦想的实现不是靠自己努力，而是靠我们这些同学。

为了梦想而努力拼搏是好事，可是梦想的实现应该考虑多方面因素，而不是头脑一热就去追梦了，遇到困难了，就要求别人帮你收拾残局。

而且，对于许多连自食其力都还没有做到的人来说，追求梦想是一件奢侈的事，你首先需要独立，才有资格追梦。

有一句话说得好：“有人帮你是运气，没人帮你是命运。”没有人有义务永远救济你、帮助你。

所以，别整天光顾着做梦，梦想和现实不能背道而驰、相互割裂。

你的梦想如果让他人来买单，那么你和四处乞讨的乞丐有什么分别？

Chapter 2

你的理想总被现实践踏吗

段诚从小就志存高远、心高气傲。谁要是考试成绩比他高一分，他一定会在下次追回来。他从小就是那种父母口中“别人家的孩子”，习惯了当别人的榜样。

在家里的孩子中，除了堂姐，没有谁的成绩能与他比肩。堂姐不是特别聪明的那种学生，但是非常努力，高考那年考了561分，这对堂姐来说是拼尽全力得来的，这在当地来说已经是相当好的成绩了，全家人都夸堂姐有出息，她父母更是欣喜异常。

可是，段诚却不以为然，说自己必然比堂姐考得更好。

等到段诚高考的时候，他还真的是比堂姐考得好，取得了640分的好成绩，考上了名牌大学。

堂姐一直有一个出国深造的梦想，但是因为家中清贫，妈妈身体又不好，所以留下了一个遗憾。堂姐毕业后考取了本地的公务员，进入体制内工作。段诚又暗暗较劲，总想压过堂姐一头。于是，段诚选择读完本科继续到国外深造。

从小到大，段诚一直特别擅长考试，一路顺风顺水让他总是很有优越感。在国外多年，等到他终于想回国的时候已经是段博士了，可以说是衣锦还乡。

可是，段诚的好运气似乎只与上学有关，等到他开始就业的时候就四处碰壁。

如今，段诚的年纪虽然不小了，可他两耳不闻窗外事，一心只读圣贤书，对于人情世故完全不通；再加上他长期在国外，对于国内复杂的人事关系完全应付不来。

自从归国以来，段诚找了数份工作，每一份工作都干不了几个月。一方面，他虽然学历出众，但是工作能力却很一般。另一方面，他觉得自己是高才生，眼高手低，桀骜不驯，不满别人对他指手画脚，又常常看不起别人。因此，可想而知，他无法融入任何集体，没有一家公司愿意用这样的人。

频繁地失业对他打击巨大，他开始整夜整夜地失眠，总把自己关在房间里不愿意出来见人。只过了一年多时间，段诚就从一名意气风发的留学博士变成了一个精神萎靡、沉默寡言的“啃老族”了。

最着急的莫过于段诚的父母，段诚留学的这些年父母为其花了很多钱，可是现如今还是要继续养着儿子。

这还不是最重要的，最令他们担心的是，眼看着儿子已经32岁了，可是既成不了家，更立不了业，终日浑浑噩噩地活着，未来可怎么办呢？

而且，因为工作的事段诚总觉得周围人都在对他指指点点，他变得非常敏感，一点儿小事就会大发雷霆。发过火之后，静下来的时候他又会觉得对不起父母，对自己失望透顶。

而此时段诚一直想要压过一头的堂姐已经是当地一家大企业的合伙人了。当年堂姐觉得一直在体制内工作不是自己想要的未来，便辞了工作决定出来闯一闯，没想到事业越做越好，提起她来谁都是竖大拇指的。

而段诚既不满现状，又无力改变，破罐子破摔，昔日的理想已经不敢提起，未来的归宿也不知道在何处。

而段诚之所以变成这样，是因为他一直生活在自己的幻想里面，他的理想高高在上，不肯照进现实。

志存高远是好事，它可以让人们斗志昂扬，有奋斗的目标。可是理想不应是虚无缥缈的，要与现实相结合。

不管一个人的理想多么辉煌灿烂，也需要在现实生活中来完成，而实现理想的过程必然是艰难、漫长而又琐碎的。

有的人常说，“理想很丰满，现实很骨感”，他们认为现实生活中总有种种限制，让我们很难实现心中的理想。有的人喜欢以理想为借口而拒绝承担在现实生活中本应承担的责任，这样的人都是太过于理想化的人，他们不敢面对自身的缺陷，不敢正视自己内心幼稚而拙劣的想法。

理想要以现实为依托，否则理想和空想有什么分别？实现理想的过程中也要承担相应的责任，如果连最基本的生存问题都解决不了，还谈什么理想。

Chapter 2

别光埋头苦干，还要抬头看看天空

朋友大庆来北京出差，约在北京的小伙伴们出来小酌。在电话里，大庆说近期的生活实在是太糟糕了，感觉再不调整自己就要崩溃了。

席间，大庆的状态确实不好，只见他眉头紧锁，愁容满面，一杯接一杯地喝酒。朋友们都说："你还有什么不满意的，毕业后就你非常顺利地进了一家业内知名的大公司，我们其他人都是在小公司里任职。而且你还有一个谈了多年的女朋友，爸妈也开明，从不催婚，你有什么不开心的呢？"

他顿了顿，说："你们总说我进了大公司，可是现在三年过去了，同学们的工资都有了较大幅度地提升，我的工资反而成了低的了，大公司有大公司的难处，现在这点儿工资实在满足不了我的生活。”

他一口气说了这么多，看来心中的不满不是一天两天了，本以为他在大公司工作会春风得意，如此看来，在哪儿工作都不容易啊。

他继续说：“毕业后能拿到这家公司的offer，对于我而言的确是意外之喜，那时候觉得能坐到这么高端的写字楼里工作的确很值得自豪，对工资也没有太在意，觉得挣钱多少是次要的，重要的是学到知识。而后来呢，上学的时候成绩远远没我好的同学纷纷升职加薪，我每天勤勤恳恳，工资却一动不动，连女朋友都开始生出诸多抱怨。”

我说：“既然处处不如意，那为什么不换一家公司呢？”

他说：“其实就是工资低点儿，公司的领导、同事都相处得挺好，没有那么多尔虞我诈的麻烦事。有时候我是想跳槽，但是又舍不得领导、同事。再说这份工作我已经做了三年，已经手到擒来了，突然要换，我完全没有方向。”

我听完以后的第一感觉就是，他的信息太闭塞，思维太狭隘。

首先，他说他同届同学没有他优秀，但是工资比他高，我认为这很正常。因为职场需要的不仅仅是智商和经验，还有情商。所以那些在班里总是考前三名的学生未必走入社会后工作就是最得心应手的。并且不同行业的薪资水平也有较大差异，没有必要过于为这个纠结。而且，也不是谁最勤恳，谁工资就最高，这要看你为公司创造了多少效益。

其次，他说老板好，同事好，氛围好，所以哪怕工资低，也舍不得走。可是，老板、同事能陪你过一辈子吗？毕业三年了，没有任何存款，将来结婚难道完全要家里出钱吗？况且女友现在已经不满意了，再这样下去，难道不怕相恋多年的女友离他而去吗？做人做事不能只图眼前舒服，还要为未来做打算啊。

后来朋友们都纷纷提出了自己的见解。我说："我认为，大公司确实有大公司的好处，可是对于你这种从基层做起的员工来说，很多时候，还不如小公司学到的东西多。而且大公司体制复杂，加薪都有层层考核，经理级别的尚且不能一年加一次薪，就更别提下面的员工了。而且有时候在小公司你更容易快速地被锻炼出独当一面的能力，从而快速升职。"

但大庆又说："毕业三年了，一分钱存款都没有，突然换工作，没工作期间怎么生活下去呢？"

这确实也是个问题。但在大城市，遍地都是机会，找工作的战线一般不会拉得太长，可以先找朋友借一个月的资金，或是依靠信用卡也可以。总之，只要下定了决心，这些问题都可以解决。

很多人一想到跳槽、辞职的问题就很苦恼，大多数人表示在毕业几年以后确实想换工作，但是完全没有方向。

我想起前几年《杜拉拉升职记》热播，一时间将行政行业带得火热起来。很多小姑娘都嚷嚷着，要像杜拉拉一样，从行政做起，然后经过自己努力打拼，混到公司顶层。可是，她们有没有想过行政真的适合自己吗？通过做行政就能顺利升职加薪吗？

前段时间，我的一个学妹咨询我，说她要转行，打算去看一下行政之类的工作。

我说："你真的喜欢这个行业吗？如果进入这行不是你的目标，你只是糊里糊涂选的，那么就会少了不懈奋斗的动力。"

学妹说："没关系啊，我男朋友说了，我不用那么拼，左右将来养家的重任都在他身上，我只要做做行政或办公室文员就挺好的。"

我对这种看法不敢苟同，且不说男朋友是不是能靠一辈子，就算真的可以，真正平等的男女关系也应该是男女双方都有各自的事业追求。男朋友对女生工作这件事的态度应是：不要求你一定赚钱养家，但即便身边没有我，你也要有能养活自己的能力。而且男女双方应是在工作上互相督促、共同进步的。

毕业几年以后有跳槽打算的，可以看看你的圈子里比你大一轮的人的生活现状，如果那不是你梦寐以求的生活，甚至是你厌恶的，那么你就需要改变了。在一个行业工作几年，基本情况就能摸清了，未来什么样子也能看到，如果实在不喜欢，何必耗着。

打算转行的时候，眼界应放宽一点儿，不要只盯着你周围的那个小圈子。没必要因为自己的专业和现有的经历限制了自己的发展。比方说互联网刚兴起的时候，很多人觉得特别高深，可是近几年很多朋友都投入了这一行业，而且做得有声有色的不在少数。

俗话说“树挪死，人挪活”，不要追求一成不变的生活。任何时候都不要低估了自己，还要学会跳出来看问题。除了工作生活，还要经常关注新事物，并勇于尝试。不要只会埋头苦干，也不要只会低头抱怨，还要懂得抬头看看，这才不至于没有方向地乱撞。

心无所居，才是漂泊

UU 终于摆脱了政府部门工作的束缚，听着她那兴高采烈的声音仿佛是重见天日了。

“终于还是辞职了？”我知道她一直对现在的工作不满意。事业单位的清闲和稳定没有让她得到满足和享受，反而天天让她百爪挠心、如坐针毡。

她说：“对，我想认真地为自己活一回。晚上请你吃大餐，咱俩好好庆祝一番！”

见了面看她一脸如愿以偿的样子，我问她：“当初费了好大劲儿才考上的公务员，不觉得可惜吗？”

UU 说：“那时候确实花费了不少时间和精力，可那不过是为了给父母一个交待所做出的妥协，所以并不觉得可惜。”

其实以 UU 的才华确实不应该窝在小镇每日喝茶、看报打发时间，可是，她的父母就是认定进入事业单位或国企，那才叫一份稳定的工作，然后在二十四五岁的年纪结婚生子，日子一眼望得到头。

为了让父母觉得脸上有光，UU 放弃了自己热爱的沙画，拼了命地进入了事业单位。

她不想让父母一把年纪还要为她担心操劳，她也害怕跟世俗对抗会让自己头破血流。

那时候我很为她感到惋惜，因为我知道她有多么优秀，又做出了多少努力，她不该因世俗的想法将自己的人生框定在有限的空间里。

大学期间，她学习很努力，每一年都获得国家奖学金。她热爱沙画创作，业余时间基本都和沙画打交道，还曾在艺术节上因为进行了精彩的沙画表演而成为我们学校的红人。她还利用沙画的技能做兼职，无论多大场合，她表演起来都气定神闲，令人拍手叫好。她有理想、有目标，又非常勤勉，我从不认为她能够过安逸的生活。

“不管梦想多么令人向往，最后都会归于平淡。”当她决定回到家乡小镇进入体制内工作时，她这样对我说。

当其他人因为业绩不达标而加班加点，因为工资不够花而住地下室、啃馒头，因为谈一个项目在烈日下奔波忙碌的时候，UU正在凉爽的办公室里悠悠哉哉地浏览网页。

可是这份悠闲安稳的工作并没有给她带来满足，反而让她的心却越来越挣扎，她说那段时间她的心就如同江上的浮萍一般，颠沛流离、备受煎熬。

她开始陷入无法排解的后悔之中，这样的日子她觉得一天也过不下去。于是，她开始在一个个失眠的夜里不停地思考。焦虑的情绪让她整个人都失去了风采，她总是说："我的生活看起来很安稳，可是，为什么我每天都觉得很痛苦呢？"在把"看起来不错的生活"维持了将近一年后，UU已经近乎崩溃了。

她决定改变，她说她再不改变，恐怕就要得抑郁症了。

她开始不厌其烦地说服父母，父母真切地看到了这一年以来UU的痛苦，最后终于答应了。

于是，UU勇敢辞职，变换轨道，去为她真正理想的生活而打拼。

现在她已经就职于一家沙画工作室，未来的目标非常清晰：拥有一家属于自己的沙画工作室。

"汝之蜜糖，彼之砒霜"，对于UU来说，别人眼中轻松安逸的生活却让她痛苦不堪，因为她在那里没有方向，找不到共鸣，更得不到认可。当所有人都得过且过，你与众不同会痛苦，你被同化还是会痛苦。

对于像UU这样的人来说，她的骄傲不允许她无所事事，她的自尊无法容忍她缴械投降。

其实，不同种类的生活没有好与坏之分，关键看你的心真正追求哪种生活。千万不要为了逃避现实而跳入困境之中，逃来逃去，终究逃不开心的囚禁，因为你会不甘心，若彼时你像UU这样有选择的权利还好，若已经难以改变，你将痛苦终生。

在追逐理想的路上，即使动荡不安、困难重重，只要内心笃定，便也甘之如饴；但是倘若心中没有方向，纵使舒适安逸，也仍然倍感煎熬。因为心无居所，才是漂泊。

所以，我们应该为了心中的理想一往无前，不要心存侥幸，不要敷衍了事，不要懒惰放弃，哪怕前路荆棘遍布，也不要停下脚步。因为困难不可怕，一个人亲手割裂了未来的其他可能，斩断了连接理想生活的桥梁，才是最可怕的。

Chapter 3

生活就是一边受伤，一边成长

Chapter 3

生活就是一边受伤，一边成长

人这一生，会遇到什么样的事，什么样的人，都是无可预料的。无论现在的你正处于何种状态，不妨想想，这个世界上总有人比你更艰苦。成长不易，谁不是一边受伤，一边学会成长？只要咬紧牙关，勇敢前行，终能闯出一片属于自己的天地。

高中毕业之后，暑假漫长，为了锻炼一下自己，我便到一家火锅店打工，在这里我认识了小辉。

小辉看起来又黑又瘦，一副弱不禁风的模样，但干起活儿来却特别麻利，和我这种校园里的学生完全不同。

有一次，我和小辉一起收拾后厨，我没留心被捆扎啤酒的绳子绊倒了，结果连带着把一打啤酒都给打翻了，啤酒瓶碎裂发出了很大声响，啤酒洒了一地，我顿时吓懵了，害怕老板娘会骂我或是把我辞退。小辉立马朝我走来，二话不说就帮我收拾满地的狼藉。等老板娘闻声赶来的时候，小辉抢在我前面说这是他不小心打翻的，他会赔偿。

我非常感激小辉那时候挺身而出救了胆小的我。下班之后，为了表达谢意，我提出请他吃夜宵，并把赔偿啤酒的钱给他。没想到他不收，声称大家出来打工不容易，让我不必把这件小事放在心上，然后说自己还有事，就行色匆匆地离开了。

小辉不但干活儿麻利，还特别勤快，从不偷奸耍滑，哪怕店里没什么事的时候他也不闲着。不是拿着抹布擦玻璃，就是帮大师傅们准备食材。他认识的酒的品种特别多，见过的菜也特别多，遇到什么难缠的客人也都能轻松化解。

刚开始来这里打工的时候，我有很多不适应，除了觉得辛苦以外，更多的是有时候我对一些客人的问题应付不过来。每次小辉都会尽量帮我，他还经常给我讲以前他都遇到过什么类型的客人，讲那些或有趣或辛酸的过往。

因为认识了小辉这个朋友，我的第一次打工生涯才变得不那么艰难。

干满一个月之后，我就从这里离开了，走的那天我请小辉吃饭，表示感谢。

在席间聊得深了我才知道，原来小辉很小的时候妈妈就去世了，爸爸照顾孩子自然是比较粗糙，为了让儿子能得到妥善的照顾，爸爸再婚了，这却是小辉噩梦的开始。爸爸每次外出打工，继母就经常打小辉，他身上总是青一块紫一块的。后来，爸爸知道继母虐待小辉之后，就和那个女人离婚了。以后，爸爸再外出打工，小辉就学着自己照顾自己。后来，他看爸爸那么辛苦，身体也不好，他想为家里分担，就也出来打工了。

每天在火锅店打工结束之后，小辉之所以行色匆匆，是因为他要抓紧时间赶回住的地方睡觉，因为他每天凌晨四点就需要起来到一家早点店打工，等那边结束，他再赶往火锅店继续上班。

火锅店的生意很火，这个月我每天只做这一份工作就已经觉得很累了，可是万万没想到小辉一个人同时打两份工。

每天看着他那么热心、那么乐观，我以为他只是工作经验比我丰富，万万没想到他还有这样不愉快的经历，而且这么早就承担着家里的重担。

我说：“每天看着你乐呵呵的，我真的不知道你经历了这么多事。”

小辉说：“把你的伤口每天露出来给别人看，别人未必能感同身受，时间久了还会惹人厌烦，那又能有什么用呢？倒不如自立自强，乐观地生活。”

他的这番话和他那份抵抗岁月无常的隐忍与不惧世事万难的坚韧姿态我一直都记得。

这天分别之后，我就去上大学了。

大学放假的时候，我又去了那家火锅店，想请小辉吃饭，可是老板娘说，小辉不在这里了，他说想去南方的大城市闯荡一番。我想这是好事，希望他能过得好。

我没想到有一天我们能再次相遇。

那天我和朋友一起在国贸商城吃饭，席间一位衣着得体、皮鞋锃亮的男士走过来询问我们对菜品有什么意见，他们可以作为参考进行改进。

我觉得他很眼熟，一时间又想不起来是谁，直到他叫出了我的名字，我才猛然间想起这是小辉。

几年之间他的变化太大了。他的头发打理得一丝不苟，眉目间透露出一种岁月淬炼后的刚毅，举止谈吐间散发着得体的修养，和从前那个衣着寒酸、体魄单薄的少年有着天壤之别，以至于我一时间都不敢认了。

原来，小辉是这家餐厅的老板，这家店已经在北京开了两年。

他又为我们添了几个招牌菜，然后坐下来和我们一起吃了个饭。

我惊叹他这些年的改变，没抑制住内心的好奇，开口便像查户口似的盘问他这些年是怎么过的。

一番言谈后得知，他在火锅店辞职之后去了广州。刚开始为了生存，身兼数职，住在房租低廉的小平房里省吃俭用。每个月挣的钱除了给父亲一部分，剩下的他就攒起来然后到厨师培训学校学烹饪，他想自己必须学一门手艺。打工空隙之余，他天天在出租房里练习烹饪。

后来，他到一家餐厅做了厨师，生活渐渐步入了正轨，后来他还交了一个女朋友。

小辉很喜欢这个姑娘，把她照顾得无微不至，变着花样给她做好吃的，可是后来那个姑娘嫌弃小辉就是一个月薪几千的厨师，根本无法在大城市买房，给不了她想要的生活，于是就把小辉抛弃了。

这件事对小辉打击很大，他想自己一定要出人头地。为了远离这个伤心地，他一个人来到了北京发展。开始也是做厨师，后来由于厨艺精湛，又肯钻研，小辉逐渐成了那家餐厅的主厨，深得餐厅老板的信任。

然而小辉并未止步于此，他经常趁休息的时候去别的餐厅品尝菜式，而且主动了解客人的口味，时间久了，他的厨艺越来越好，积蓄也越来越多，再后来他就开了一家属于自己的餐厅。

现如今，他已经在北京买了房，爸爸也不用再四处打工，可以和儿子一起享福了，我真的很为小辉开心。

现在的小辉依然单身，可他再也不会为了女人的离去而患得患失，看得出来，现在他过得自信、充实而满足。

小辉这一路痛苦过、无助过、不安过、辛酸过，也曾遇到所爱，也曾遭遇伤害，可无论经历了多少苦难，他都没有一蹶不振，而是勇敢大步地往前走，现在他终于苦尽甘来。

这不就是成长的意义所在吗？让一个人在跌跌撞撞中不断受伤，不停吃苦，然后学会坚强，学会自我治愈，进而成长为一个优秀的人。

Chapter 3

上帝为你关上了一扇窗，你自己却关上了一道门

你我难免会跌倒，难免会沉沦，但无论如何，请记住：永远不要放弃自己。上帝只是为你关上了一扇窗，若你自己却因此把门也关上了，那么你的人生将彻底沦陷。

[1]

我邻居家有一位大伯，几十年都郁郁不得志。

据说大伯小时候学习成绩特别好，每次考试都是我们那儿的第一名，可惜天有不测风云，高三那年，大伯的妈妈患了心脏病，为了治病不但花光了家里的积蓄，还借了不少外债，最后人也没能救回来。

大伯的爸爸供不起大伯继续读书了，而且在那个年代，大伯的爸爸也认为上学没用，还不如早点儿学着怎么谋生。于是，大伯的大学梦也就此断送了。

之后，大伯就开始打工养家，后来又遵从家里的意思娶了伯母，生了两个孩子。

这么多年过去了，大伯家的日子一直都过得紧巴巴的，大伯也常年郁郁寡欢、借酒消愁。

大伯看见我们这些小辈，常说："还是现在的时代好，可以做任何自己想做的事。"

其实，大伯说这话我并不认同，大伯心里有委屈，我们都可以理解，大伯的妈妈得了心脏病，这是谁也预料不到的事，碰上事了，就要积极面对。大伯身边有很多人像他一样并没有读大学，但他们也把日子过得红红火火。现在，大伯家欠的债早已还清了，大伯完全可以凭借自己的才华出去闯一闯。再说，这些年，大伯并非没有机遇改变现状，是他自己没有把握住。

在大伯还年轻的时候，大伯的一位高中同学从大城市回来，说他们单位正在招写文章的职员，上学的时候大伯写过文章和诗，文采很是不错，所以这个老同学想让大伯去试一试。可是，当时大伯和伯母在我们那儿刚开了个小商店，生意还不错，大伯不想放弃稳定的生活到另一座城市去，一切从零开始，所以就放弃了这个机会。

而且，如果大伯的大学梦真的那么强烈，他后来也完全可以一边经营小商店一边考大学啊。大伯的朋友就曾几次建议大伯考大学，有了学历，如果不想离开家人去大城市，在我们那儿也会有更多的发展机遇。可是，大伯早已失去了斗志，想到需要通宵达旦地看书、学习，他就打了退堂鼓。

后来，我们那儿开起了大超市，严重冲击了大伯店里的生意，大伯便整天郁郁寡欢、得过且过，日子也就越过越不好了。

虽说大伯在本该考大学的那一年赶上了母亲生病，这的确很不幸，可是上帝为他关上了一扇窗，他自己却关上了一道门。

天有不测风云，人有旦夕祸福，谁也没法保证自己一生都顺顺利利，不会遇到任何困苦。大伯遇到挫折就一蹶不振，眼睁睁看着改变自己命运的机会溜走。

所以，打败他的不是没有上大学，是他自己失去了斗志，放弃了自己。

[2]

华子从小就是我们那儿出了名的尖子生，上小学的时候，我俩一个班，他是正班长，我是副班长，所以我俩关系很好。他常常数学考第一，我语文考第一，不过我是班级里考第一，华子却可以做到全县第一。从小学升到初中，他一直都是老师的骄傲，是家长们夸赞的对象。

到高中的时候我们就不在一所学校了，高中毕业后听说他考上了很好的大学。

华子一直是我心中的楷模，我一直觉得将来他会有非常光明的前程。可是，再见到他的那一刻，我简直不敢相信自己的眼睛。

那年我犯了肠胃炎，便回老家休养了几天。有一天早晨我出去买早点，发现早点摊儿旁炸油条的正是华子。

只见他穿着一件满是油污的围裙，正手法娴熟地炸油条。眼前的一幕让我惊呆了，一个品学兼优的名校毕业生为什么在这儿摆摊儿卖早点？他经历了什么？

我本来以为我们以这样的方式重逢会很尴尬，但华子很热情地跟我打招呼。人来人往，早点摊儿很繁忙，我也没来得及和他细聊，买了早点后就匆匆离开了。

回到家，在咨询了我妈妈之后我才知道了华子的事。

华子毕业后本来也在大城市工作，可是才干了一年多，华子的妈妈突然生了一场大病。华子的爸爸很早就去世了，妈妈这病需要动手术，身边需要人照顾，华子的妹妹那一年才刚考上大学，所以华子毅然辞了工作，回家照顾生病的母亲。

华子的妈妈身边大部分时候都离不了人，所以华子也没法出去工作，他就接过了他妈妈的早点摊儿。每天早上四点就得起床活面、做豆腐脑儿，然后赶去卖。卖完之后再去医院照顾他的妈妈。妈妈说，华子已经摆了很久的早点摊儿了。

两年之后，华子的妈妈痊愈了。我问她华子去哪儿发展了，她开心地说："华子在半年前考下了金融风险管理师的资格证，现在在深圳上班，年薪能拿到十几万了。"

华子的妈妈说这话时笑得合不拢嘴，脸上写满了骄傲，我心想：这才是我认识的华子。

华子的妈妈又说："华子孝顺啊，现在他有出息了，我也不用出去卖早点了，可是，这几年他在老家一边卖早点一边照顾我，连找女朋友都给耽误了。”

我赶紧安慰她：“您别担心，华子这么有出息，这么坚强，您还担心他在深圳找不到女朋友吗?”

当初回来照顾妈妈是不得已的事，但这两年里，华子从没放松过对自己的要求。他一边卖早点赚钱，一边操心妈妈做手术、住院的各种事宜，还利用剩下的时间准备考试。

如今，总算守得云开见月明，一切都在往好的方向发展。

华子和我那位大伯一样，他们都是优秀的人才，命运也都曾跟他们开了玩笑，可是结局却迥然不同。

华子在碰上难事之后，没有怨天尤人，他积极面对，勇于承担起自己的责任，同时他从没有一刻放松过对自己的要求，没有忘记过自己的梦想。他越挫越勇，勇于向困难发起挑战，最后，他战胜了挫折，收获了光明的未来。

在人生的道路上，你我都很不容易，遇到挫折别灰心，用顽强的意志去战胜它，竭尽全力、尽己所能。

只要你愿意走，路的尽头仍有路，只要你自己不放弃希望，便没有什么可以将你打倒。

Chapter 3

面对伤害，最狠的报复是让自己变强大

男朋友出轨了，你深受打击却放任自己暴饮暴食；被上司训了，你满心愤懑却只会整天抱怨；被同事穿了小鞋，你骂天骂地却一次次忍受……这样的你，欺负你的人应该会很开心、很得意，你，还要继续这样下去吗？

当你还是个弱者的时候，在利益博弈的职场，被牺牲和伤害的总是你。

而面对这些牺牲和伤害时，最狠的报复是让自己不断强大。

我毕业后做第一份工作的时候，同职位有一个比我早入职三个月的女孩儿叫君君。因为当时大家都没什么经验，进公司的时间也差不多，所以谁的进步快谁的进步慢，一目了然。

我是一个特别爱思考和总结的人。工作了三个月后，我发现不同类型的文章都有一定的套路。那时因为公司有大量的案例，所以我每天完成当天的工作后，就开始将所有类似的案例进行总结。

当时的资料大概有几千份吧，我将它们都存到我的电脑里，认真阅读后，分门别类地进行汇总整理。当这项工作完成后，我也基本完成了我进入这个行业的第一个原始积累。

由于经常进行思考和总结，我的作品变得越来越像模像样，得到了领导和同事的夸奖，有时其他部门的同事需要文章，也会指明要我来写。而这，引起了君君的不满。

有一次，总监安排我们写一个项目的文章，两个方向每人一篇，因为没有具体规定由谁来写哪个方向，于是我主动同君君商量我写方向 A，她写方向 B。

她当时很生气地对我说："我的工作我知道该怎么做，我不需要你来告诉我写哪篇。"我当时笑了笑说："没关系，要不你来安排咱俩的工作好了。"

我将整理好的资料分享给了君君，其实当时我也有一丝犹豫，因为我想着她对我的态度这般恶劣，我大可不必将自己辛苦总结的成果分享给她。但我还是给她了，因为我知道这份资料可以帮助我俩尽快搞定这个项目的文章，而且我认为真正属于自己的东西别人是拿不走的。另外，我不计较她的态度还有一个原因，是我根本就不在意她的情绪，在这场博弈中她根本就无法伤害到我。

后来，我跳槽到了一家规模更大、发展前景更广阔的公司。在这里，我遇到了很多比我更强的人，我的能力也受到了更大的挑战，我原来的工作积累马上就显得捉襟见肘了。

我边做边学，好不容易做出了一些成绩，但这被一些很爱表现的同事轻易拿去邀功了，而我又很骄傲，觉得如果为这样的事情而吵架，未免太掉价。

很快三个月的试用期过了，我未能转正，这大大伤害到了我。但我又有一股狠劲儿，不肯这么认输。我那时已经将公司的书籍翻阅了四分之一，因工作经验确有不足，我每天完成工作后会在公司多待一个小时进行学习，周六日也会将公司里的书籍拿回家翻看。

这样又过了三个月，公司的各种资料、案例，我已逐一研究了一遍，这时恰好我又接了新的项目，在工作中崭露头角，升职加薪也顺理成章。其实那时因为工作能力的增长，我已经收到更有名气的公司的橄榄枝了，所以转不转正这件事情已经不可能再伤害到我了。

这个社会就是这样现实，眼泪、同情和安慰都帮不了你。你得先让自己成为强者，才能获得尊重，不然你就是被伤害的那一个。

后来，因为对工作的热爱和执着，我顺利进入了业内颇具名气的一家公司。刚进公司时我带着憧憬以及期待，然而，在这里，我又一次受到了考验。

和我共事的是一个 40 岁的老员工杨叔，他很勤奋，也很拼命，但在专业上面实在是资质平平。我常常觉得如果他从事策略或者公关，应该早就成功了。

我曾经看过一篇文章，写那些在职场奋斗十几年还从事着基层工作的人的状态，他们因为没有过人的才能，升职无望，又经过了十几年职场的洗礼，形成了一套实用的职场生存法则，成为各个公司里老油条型的人物，而这位杨叔，将它展现得淋漓尽致。

我和他共事的三个月算是蜜月期，但当我通过试用期，受到全体同事的夸奖和称赞后，和他共事就变得越来越艰难。

那时他常常让我写文章，然后又将文章打散，重组，自己再加几句话，然后就变成他的了。如果客户夸奖了我的文章，他就会说因为客户是个女的，所以才会喜欢女人写的东西。如果我的工作完成得让所有人惊艳，他马上会说："你是抄的吧。"用这一句话，就否定了我所有的成绩。更有甚者，他和我说："我派人去调查你原来的工作情况了，你好自为之。"

我对此是十分无语的，心想：我刚进入公司的时候你就已经调查过我的工作情况了，共事半年后，你又派人去调查？至此我对他已经是非常失望了，连辩解都不想尝试了。

有一些人的出现，就是来给我们上一课的，就像这位40岁的大叔。不管你多诚实，遇到怀疑你的人，你就是撒谎精；不管你多单纯，遇到复杂的人，你就是有心计；不管你多么天真，遇到现实的人，你就是世故；不管你有多么专业，遇到不懂你的人，你就是白纸一张。

在当时，他的行为是伤害到我了的，但我又是一个很阿Q的人，我记得那时看过一句话，说忌妒本身就是一种仰望，就是最大的赞美。于是我就当他是在忌妒我。

很快我的工作又有了新的突破，遇到了更优秀的同事。

当我成长到更高的阶段时，这位大叔已经丝毫不能再影响到我的情绪，伤害到我了。所以，我想说我们一定要将自己修炼得足够强大，无论是工作还是心理，当我一次次拿作品说话时，就会让他的种种行为变成笑话。

有一个这样的理论，在这个世界上，大部分人做事都是会做到 90 分，当你想要把事情做到更好，那么在做到 90~95 分之间的时候，你会遇到最多的质疑和否定的声音，如果你选择停留在这个区间，你受到伤害的几率就是最大的。

但如果你咬着牙，将工作从 95 分做到 100 分，这时候，你会发现原来那些反对的声音都变成了赞赏。人的天性就是这样，会对稍优秀于自己的人报以敌意，而对超级优秀的人发出由衷的欣赏，因为他们知道自己做不到。

当我可以将事情做到 100 分的时候，我发现能够伤害到我的事情越来越少。一方面是我的能力已经强大到足够抵御各种各样的伤害，另一方面是当你做到 100 分时，你会遇到更多 100 分的人，而越是这类人，越是倾向于公平、正直和善良。只要你愿意与优秀者翩跹起舞，就会发现，自己时时刻刻处在聚光灯下。

而如果你陷在 90 多分这个容易被伤害的区间停滞不前，你就会开始怀疑自己，怀疑社会，怀疑人生。

当你认为社会上已无真情的时候，无数人正在被真情温暖，只不过不包括你。

当你认为武林精英已经灭绝的时候，各路英雄豪杰正汇聚侠客岛进行巅峰对决，只不过没有你的那碗腊八粥。

当你以最龌龊的态度揣测这个世界，以最乏味的状态运行的时候，在一个你不曾有机会领略的舞台上，一群风华正茂的佼佼者正大放异彩，高歌猛进，只不过这场演出没有你的门票。

所以，即使含着热泪，你也一定要咬着牙，坚持前行到 100 分，只要你拿到 100 分，你就会成为这个世界的主角，你的人生就会成为一座快乐的舞台。

现在每当人生又抛给我一个新的伤害或考验时，我都会摆好迎战的架势：“来啊，互相伤害啊，谁怕谁啊”。

也许第一次你会伤害到我，但我绝不会给你第二次伤害我的机会。就像尼采说的：

“凡是不能杀死我的，都会令我更强大。”

你越强，能够伤害到你的就越少。

面对伤害，最狠的报复是让自己变强大！

Chapter 3

哪怕一身伤痛，也决不妥协

好友东东去了新公司。

我问她："感觉如何？"

她说："很忙，稍微松懈一点儿工作就完不成，不过这样也好，刚好锻炼一下。"

字里行间都是痛并快乐着的情绪，一副为难自己还特别喜悦的畅快相。

东东有两个孩子，大妞四岁，二宝一岁半。

她也曾是叱咤职场的人，在经历过升职还是生子的痛苦抉择后，一头扎进了全职妈妈的队伍中。

带孩子并不是一件容易的事，孩子的出生让东东柔软温暖，日子却比以前紧张了。

她每天围着孩子的屎尿打转，在时光里跌跌撞撞学着当妈，好不容易把精力旺盛的宝贝哄睡，转身想跟爱人说说话的时候，才发现身边人早已鼾声如雷。

家里添了二宝，也换了新房，看上去几乎趋向完美，只是生活却偏离了最初的模样。

老公在言行举止上若有若无的优越感，婆婆事无巨细都要管的霸道，东东很想回避这一事实，想把它们塞进时光的黑洞里，尽量不去想不去看，以防御的姿态把生活中的负能量全部屏蔽。直到无意间发现老公聊天儿记录里的暧昧表情，她才惊醒，虚张声势地佯装，注定只能得到滥竽充数的快感，而不是享受。

东东看着自己一手建立的爱情大厦像豆腐渣工程般瞬间倒塌，不是没有当面对质的愤怒，甚至想立刻扬长而去，但是她也明白，婚姻生活里的一地鸡毛换个人未必会变好，为自己的心灵和头脑“招兵买马”才是最安全有效的。

一个女人如果选择不妥协，没有什么力量能够阻挡她。

重新开始的滋味当然不好受，更糟的是叠加效应的重锤，它会使得你对自身的价值体系产生怀疑。东东在两个月里投了许多份简历，几场面试结果也并不理想，在她几乎心灰意冷的时候，一家物流公司向她伸出了橄榄枝。东东去了这家公司做内刊编辑，她很珍惜这份工作，做了许多尝试，也策划了几期颇受好评的专题。但公司的管理制度太松散，很多人在工作中缺乏积极性，做事敷衍散漫，东东觉得这种环境不利于自己成长，所以在公司待到第五个月的时候，她选择了辞职离开。

去人事部递交辞呈的时候，人事经理找到东东谈话，言语婉转，表达明确而轻视：大龄的已婚妇女要同时兼顾家庭和事业，就该找份清闲的工作度日，比如现在的职位。

东东礼貌拒绝的同时在心底冷笑：现在不抓紧时间让自己增值，难道我还要坐等贬值吗？

婚姻也许是一个女人的必修课程，却绝对不是唯一的核心课程。人生这所学校提供了琳琅满目的基础课，我们从中选出几门作为必修课，在漫长的时光中慢慢摸索，享受被爱被认可，也学会去爱去包容，学会当父母也学着当子女。在生活的细枝末节里，我们对自己身处的世界不断探索和理解，自己所学再多，如果失去独立性，精神也不会自由。

不怜悯自己的悲伤，才不会伤害活下去的兴致。

在徐志摩感情世界里被遗弃的张幼仪没有怜悯自己，而是自给自足，亲身实践了耕耘与收获的对称性。在失婚产子后，张幼仪考入柏林裴斯塔洛齐学院。学成归国后，她在上海东吴大学任德语老师的同时开办了自己的时装公司，专门在旗袍款式及细节之处做文章，一时受到全国名媛闺秀的热捧。时装公司开办不久，张幼仪又出任了上海女子商业银行副总裁，银行在她的努力经营下很快扭亏为盈，占据了一席之地。

当然，张幼仪的高贵之处不是成为商界巨鳄，不是徐志摩意外身亡后，在现任妻子无力操持的情况下接手处理一切的品质，而是在失去婚姻之后，选择为自己打开另一扇窗口的通透。

她的自述中有这样一段话，她说："你总是问我，我爱不爱徐志摩。你晓得，我没办法回答这个问题。我对这个问题很迷惑，因为每个人总是告诉我，我为徐志摩做了这么多事，我一定是爱他的。可是，我没办法说什么叫爱，我这辈子从没跟什么人说过'我爱你'。如果照顾徐志摩和他家人叫作爱的话，那我大概爱他吧。在他一生当中遇到的几个女人里面，说不定我最爱他。"

爱情这件事从来不会让人觉得平等。相爱的时候每个人都懂得为自己的幸福努力，不爱的时候却鲜少有姑娘保持清醒，自愿截断末路，转换跑道。一纸契约并不是保证爱情的定心丸，真正能让你获得安全感的无非是不惧风霜的自信。相爱时彼此温暖，分开后不会皱眉，只愿拼尽全力打开那扇没人阻挡又格外有重量的窗，并深信自己会越来越好。

任何时候，只有你对自己满意，才会对生活感到满意。赚不多却够花的钱，做一份自己喜欢的工作，坚持一到两个爱好，照顾家人也不忘记保持自我，让生活见到最好的你，自然能得到生活的宠爱。

泰戈尔说："世界以痛吻我，要我报之以歌。"

愿你我用天真去善待，用本能去热爱这个世界。

想要成功，就不要害怕失败

决定一个人做成一件事的因素有很多，如能力、耐性或后盾等。但这些都是在上了路之后才能发挥作用，而大多数时候，我们的成功之路，还未掘土就已告终。为什么？因为我们在采取实际行动前，多做了一件事，就是向他人询问做与不做。

男孩儿喜欢上一个女孩儿。

女孩儿非常优秀，可男孩儿自己没钱没颜，比不上她身边的追求者们，那追不追？他纠结许久，十分痛苦，终于鼓起勇气问哥们儿的意见。哥们儿一听，开玩笑说：“你这癞蛤蟆，还想吃天鹅肉呢！”于是分析两人的各种不合适，并提醒他，万一被拒，很丢脸。男孩儿想：是的，干吗追那么高高在上的女孩儿？不如选择喜欢自己的，轻轻松松就得到幸福。于是，一段浪漫的爱情就这样被扼杀了。

有个女孩儿很胖，想减肥。

她看见一则减肥广告，但费用比较贵，要减到目标体重，至少得花四五千，对于学生而言，是笔很大的开销，还要不要报？于是问同学，同学一听，需要花那么多钱，还不一定能减成功，觉得她被广告洗脑了，赶紧打断她，说坚持跑步就可以。女孩儿一听，是的，跑步也能减肥，干吗花冤枉钱？现在，女孩儿依然很胖。

反观自己，也曾因他人的意见而放弃初衷。

高考后填报志愿，我想学心理学，但这个专业特别冷门，于是去向见多识广的同学打听。他的建议是，这个专业难就业，接触负面信息多，而我本身内向的性格不适合。我一听，好像蛮有道理。虽然放弃挺可惜，但这是我寻求多方意见，再经过自己认真思考决定的。

事实上，这都是一种自我安慰的想法。那个错过爱情的男孩儿，不追喜欢的女孩儿。女孩儿，不报贵的减肥班。我，不学向往的心理学。我们都认定是自己经过认真思考后做的决定。错，才不是。我们都是在行动之前就被洗脑了。我们梦想的火焰还没有照亮未来之前，就被别人的意见给熄灭了。

如果我们的决定都是由自己独立思考后做出的，我们都将不是今天的自己，会比今天的我们更接近完美。

而且，这种解决问题的方法，看似十分符合常识和固有的行为模式，但往往蕴藏着诸多不合理和风险。

人们习惯提保守的建议，但成功往往需要冲动。

一个人的成功往往经历过许多冒险和冲动。

但人们在给别人建议时，是害怕承担风险的，于是往往会得出一个保守的结果。他们会给你分析各种利弊，而结语常常是，“风险挺大的，你自己要考虑清楚”。

大多数时候，这话一出，我们就开始打退堂鼓了，以为是自己认真思考后的结果，其实不过是双方都害怕冒险罢了。

于是，想做的事，还没开始行动，就夭折了。

旁人未必能完全理解你，最懂你的只有你自己。

一个人永远无法完全理解另一个人。

喜欢一个人，旁人是不能理解我们有多心动的。他们只能看到两人外在条件的差异，而两人是否相互有好感，是否心灵上很契合，这是谁也不能知晓的。

旁人劝你不要在减肥上花冤枉钱，她们可能是瘦子，她们不能理解胖人的痛苦，也不能猜到你也许是为了男神减肥。

我想学心理学，旁人的劝阻是有道理的，但他们不理解我向往心理学的原因和我为此所做的准备。

这种没营养的问题，你确定别人感兴趣？

或许有人质疑，我们做一件事之前，问别人意见，寻求经验不对吗？这自然对，意见肯定要问，但你可以问：“哥们儿，我要创业了，需要一个技术型人才，你有推荐的吗？”而非“哥们儿，我想创业了，但分析了一下市场，很难做大做强，你说，我要不要做呢？”

为什么别人不愿回答你的问题，因为你的问题本身就是个问题。

在成功之路还未开始前，问别人做还是不做，就像在问，吃鱼可能被卡刺，要不要吃？这是一个多无聊的问题，还不如问怎样不被卡刺来得有用。

问别人意见本身就是件有风险的事。

有个男性朋友跟我抱怨，自己暗恋的女生被心机男追走了。

原来，我那位朋友也是个犹豫不决的人，喜欢上一个女同学，青春漂亮。但追那女生的人挺多，他很纠结，就去问室友。可室友却说，那女生看着清纯，实际上高中时就换过好多男朋友了。我那朋友一听，就死心了。

谁料，大二开学，那女生就成了他室友的女友。我朋友差点儿揍他，他室友却说："追不追是你自己决定的，关我什么事。"

当然，生活中的小人没那么多，但你怎么确定，阻止你创业的人不是忌妒你可能成功的事业，阻止你减肥的人不是希望你永远当绿叶？

我们需要自己做决定的能力。

退一万步讲，即使别人愿意和你一起承担风险，那是因为别人能够理解你，不会烦你，更不会有坏心眼，难道我们不需要自己做决定的能力吗？

我们总强调，要有选择的权利，但为什么遇到事时，习惯性地去问别人的意见？

人生路漫漫，布满岔路，需要做的选择和决定有很多。

工作或考研？出国或留在国内？保研或考研？写作或画画儿？结婚或独身？……很多很多，都是选择题，单选或多选。

问别人，那永远是别人的意见，自己永远没有做决定的能力。只会成为一个遇到事儿就手足无措，到处问意见找经验的低能儿。

我们貌似在寻求多方意见，但其实只是害怕一个人承担风险。

一件事，要不要做，往往自己心里早有预设答案，问别人，只是害怕一个人承担做错决定的风险。

每件事都有可能失败。我们肯定不是因那个人一定喜欢我，我才喜欢他。我们也不该因某件事一定能做成才去做。

欲戴王冠，必承其重。想要成功，就不该害怕失败。

人生是自己的，目标和梦想也是自己的，该不该有，要不要做，自己决定，永远不要问别人，后果，也是自己承担。

Chapter 4

所有成功的背后
都是歇斯底里的奋斗

Chapter 4

轻而易举的成功，只是你的幻想

昨天，有读者问我在奋斗的路上有没有觉得很累，对什么都提不起兴趣，只想大声哭的时候。

有啊，当然有了。不瞒你们说，前几天我还控制不住自己崩溃大哭来着，只不过这些负能量都在没有外人的时候，以我自己的方式消解掉了。

有些事你以为你明白，其实真正经历过之后，才发现你并不明白。

为什么只要奋斗就会受伤？

人有很大一部分痛苦，来自对自身情况把握不清，能力有限的同时，又拥有不能消解的欲望和野心。

我一直觉得，欲望其实不是一个贬义词，尤其是对有资本试错和逐梦的年轻人来说，它反倒是绝佳的鸡血和动力。

但有欲望的人注定痛苦，因为有华丽的梦，就有贫瘠的现实。当欲望时刻鼓动着你本该平静的心，你就很难低下头来，老老实实地接受目前没有起色，甚至未来也不会有起色的生活。

常有人问我，是应该去大城市冲浪，还是留在小城市看海。我的回答总是："此事没有标准答案，看你自己是个什么样的人。"进入大城市的可怕之处不在于高消费、紧张的节奏和复杂的人脉关系，更在于你的视野开阔之后，难以抑制的不断膨胀的欲望和野心，以及你打开微信朋友圈之后，所有人都在打拼、卖命的精神压力。

并且，很多生活光鲜、事业蓬勃发展的人，真的不见得有时间、有心情去享受打拼来的生活。边走边看，张弛有度，在某种程度上更是一种幻想。

更何况，当一辆出来看风景的小车，被驱赶上了一条高速公路的时候，停不下来的痛苦是非常折磨人的。它的刹车系统并没有坏，但就是无法给自己一个理由停下来。这种奋斗非常考验人，并不是每个人都适合。

另外，任何一条路的圆满结局，都需要很多很多的耐心和毅力，这件事仿佛地球人都知道，可惜大多数人还是低估了“很多很多”这个数量词的威力。在有所收获的前一秒钟失去耐心，是再平常不过的事，因为过程太艰难，更因为没有任何神奇的“应许之日”。

在我每天收到的私信中，有上百条都在问：如果我开始跑步，我会瘦吗？如果我拼命努力，考研能成功吗？每到这时，我就想反问：你觉得我是上帝吗？我如何能知道？

你听说过 10000 小时定律吗？是说一个人做成一件事，拥有一项技能，需要 10000 小时的专注和努力，可是有多少人在 1000 小时还不到的时候，就丧气崩溃，告诉自己：这条路不适合我，我运气不好，我换个方向。

如此一来，到处都是怀才不遇的人，你盯着别人的成功，反反复复地想：你还不是运气好，你还不是靠别人……如此一来，自然改变不了失败的命运。

我相信，如果你在打针之前，把进针的疼痛想象到最大，那么真正挨针的时候反倒不那么疼；但你总是天真幼稚地认为打针没多疼，所以，每次毫无准备的打击都会超过你的承受范围。

所以有时，做个悲观的乐观主义者比较好，把自己调成“傻瓜模式”，在你想要有所成就的领域愚钝地坚持 10000 小时，结果不好再崩溃也来得及。那些我们熟知的在某方面取得了突出成就的人，哪一个不是付出了常人难以忍受的艰辛。

1987年，由于机缘巧合，张艺谋有机会在吴天明导演的《老井》中出演男主角。

吴导分析了张艺谋的两个优势：第一，他的形象气质与角色颇为接近；第二，他对生活和人物也有比较透彻的理解。可张艺谋不这么认为，他觉得自己缺的恰恰是对人物的精准理解。

为塑造好这一形象，他用足了笨功夫。在体验生活的2个月里，他完成了自己设定的目标任务，坚持每天早、中、晚从山上背下150斤左右的石板，硬是没有落下一次。对张艺谋一根筋的做法，剧组里一个男演员拿腔拿调地打趣："你个陕西愣娃！"惹得大家笑成一团。为了体验被困井下三天的真实心理，他真的傻傻饿了三天，三天未进一粒米，张艺谋说："不试过，我不放心！"

他愿意尽自己最大的努力把事情做到极致，他把笨功夫做到家了。凭着这个角色，张艺谋获得金鸡百花双料影帝和东京国际电影节最佳男演员。

钱锺书的文章写得好，做读书笔记的功夫更是一绝。他的笔记本比普通的笔记本厚四倍多，上面写得密密麻麻，满满当当。

钱锺书每读一本书，都要做笔记，不仅摘录，还随时写下心得。读著名作家有关文学、哲学、政治的重要论文，他不仅做笔记，甚至还要记下刊物的出版日期。钱锺书的夫人杨绛先生提到钱锺书做笔记的习惯归功于牛津大学图书馆"饱蠹楼"。因为这个奇葩的图书馆，图书概不外借，书上也不准留下任何痕迹。也就是在这里，钱锺书把他的笨功夫发挥得淋漓尽致，他带笔记本和铅笔，边读边记。

杨绛说，有一次，读了一页书，他居然做了十页的笔记。肯下笨功夫的钱锺书，日后能轻松背诵很多的诗词和文献，能信手拈来林林总总的经史子集，也就不足为怪了。

随着小说《陆犯焉识》被搬上银幕，拍成了电影《归来》，严歌苓也越来越多地被人们所熟知和喜爱。但是很少有人知道，当年为了写《小姨多鹤》，严歌苓简直不计成本。她用高达 150 美元一天的费用请了个既懂英文又懂日文的翻译，去到一个名为 nagano 的村子里住了 3 次，与当地人一起吃，一起喝，一起看日落日出，观察他们的生活，感受细枝末节。

她说，人越成熟就越知道天高地厚，如果不在那个地方住下来，她没有自信写好那个地方的人。有时候，严歌苓会骂自己笨，她写什么要像什么，如果不把功夫扎扎实实花进去，她就没有十足的把握。而没有十足把握的事情，她是不干的。

生活中有很多人只想着事半功倍，不愿意下笨功夫，有可能也不屑于下笨功夫。爱因斯坦曾说："人们把我的成功，归因于我的天才；其实我的天才只是刻苦罢了。"要从众多的人中脱颖而出，成为人们所佩服的人，多花些笨功夫可能是办法之一吧。

所以，别总幻想别人的成功轻而易举，这会让你的路更加难走，因为幻想的次数多了，你会觉得，别人成功都是凭借运气。那么每当遇到困境和压力，你会非常脆弱且不堪一击，因为你压根没有一个认识，那就是：做成任何一件事，都是很不容易的。没有人是容易的。这是真相。

Chapter 4

迷茫时，选难走的路

旧友从深圳回来，约我在咖啡馆聊天儿，说到我们自己与这个多变的时代，她忽然悠悠地感叹道："你人生的每一次重大选择都是正确的。"我反问她："你觉得至今为止，自己做过的最正确的选择是什么？"她回答得很干脆："买房子，去深圳。"

买房子的时候，她交了一个深圳的男朋友，感情正浓，答应帮她付房子的首付。她相中武大旁边一个高档小区，惶恐地交了定金，后来，她男朋友看到武汉的房产广告，说："宝贝，你买的是武昌区最贵的房子。"

她当时没有固定工作，生活过得安逸而散漫，买了房子以后，整天在我面前叫嚷压力大，然后，她整个人都不同了，开始认真写稿，认真找工作。

不久，她去深圳投奔爱情。去之前也是各种纠结，觉得她的根基人脉都在武汉，深圳那么大的城市，有没有她的容身之处还不知道。我毫不客气地对她说："其实你在哪儿都是一张白纸。"

虽然后来和男朋友还是分了手，但是她在深圳却扎下根来。几年后，她把武汉的房子卖了，在深圳付了首付。再后来的故事大家想必也能猜到，深圳的房价一涨再涨，她如今经常跟我们憧憬自己的退休生活：把深圳的房子卖了，回老家当富婆。

无论买房子还是去深圳，对于当时的她而言，都是非常艰难的选择，意味着要走出安逸，承担风险。

我另外一个朋友章小姐也挺能折腾。简单来说她做过三次较大的选择。第一次是离开国企去杂志社，第二次是离开杂志社做自由写作者，第三次是放弃做睡到自然醒的自由撰稿人，做半夜爬起来写稿的"公号狗"。

章小姐去杂志社不久，她所在的国企就开始裁员，她说，那一刻周围人曾经质问她"你为什么要放弃安稳生活"的话似乎成了笑话。

当她离开杂志社的时候，她已经是编辑部主任，与做女报杂志的同行聊天，对方说：“在我们这里，做到中层就很少有人辞职了。”

在章小姐离开纸媒，做了几年自由写作者之后，纸媒的大船开始倾斜、沉没，别说中层，连高层跳槽转行的都屡见不鲜。

是因为章小姐是一个有神奇魔力的人吗？当然不是。

讲了这么多，其实你们已经看出来了，无论是我第一位朋友眼里正确的两次选择，还是我第二位朋友的三次跳槽转行，里面有一个共性：就是在她们迷茫不知究竟该选哪一条路的时候，坚定地选择了难走的那条路。

每个人都向往安逸，安逸对年轻人而言却可能是一个陷阱。某一天，你会发现，你想过的安逸生活其实是一条下坡路，时代变化太快，在拥挤的潮流中，你不向前，就只有退后。

向前、向上的路，通常是难走的，你会无数次受到打击，无数次想到退缩，你像去鹰群里抢食的小鸡，每一天都惶恐不安，害怕被吃掉。就这样一天天过去，终于有一天，你会发现自己变成鹰了。

做专栏作者的这一年，我经常有不干了的念头。有时候刚按了发送键，脑袋里就跳出一个更好的切入点，恨不得用脑袋撞电脑。于是，我做饭时、吃饭时、做梦时都在思索好的切入点，简直都要走火入魔了。

这一年，我频繁地骂自己笨。不过，我的另外一个体会是，你经常骂自己笨，别人基本上就没有什么机会骂你笨了。

经常有人问我，要不要离婚，要不要分手，要不要换工作等，这是很难回答的问题，因为基本上这样问的人，其实都希望选一条容易走的路，而在我看来，能够真正解决他们的问题，开始新生活的，恰恰是那条难走的路。

因为难走，你会调动自己所有的潜能，去克服遇到的困难，你受了越多的苦，受益也会越多。

难走的路，通常是上坡路，不是俯下身子去捡那种生活，而是踮起脚尖够那种生活。踮起脚尖当然累，但只有这样，你才能收获理想的状态，然后你曾经的偶像，如今可以成为你的同事；你曾经买不起的衣服，现在买了一件又一件；你曾经觉得做不好的事情，现在做起来就像左手摸右手般容易。

你的潜能远远比你对自己的感觉靠谱。

我也为自己下过很多自以为正确的定义。比如我没办法在咖啡馆写稿，太吵；我没办法多线思维，一次只能想一件事；我没办法写快稿，一篇文章要在肚子里养成白胖子才舍得生；我不善于说话，不善于经营……现在，我的感受是，只有一件事我肯定做不到，那就是回到 18 岁，而且我根本不想回到 18 岁。

“我不行”其实只是你退回去的借口。你虽然不可能每一样都行，但我们所遇到的大多数的选择与难题，都是可以靠勤奋解决的，远远没有到拼天分的地步。

当你觉得自己做不好一件事时，请问问自己，你有没有做梦都在想这件事。如果你做梦都在想怎样做好它，结果还是在及格线以下，你再认输。

“迷茫时，选难走的路”，是我送给你的祝福。

受得起多大的压力，就配得上多棒的人生

在我们家族，从业者涉及很多行业。有从政的，有从商的，有人民教师，有农民，有企业职员等。从收入水平看，就目前而言，自然是从商的赚的钱比其他人都多一些。但是，目睹过去几年几位兄弟从商的工作状态，我真的没有羡慕过他们收入比我高，因为，他们的那种工作强度，那种紧张忙碌，那种工作压力，是许多人根本承受不起的。

[1]

我记得有一次我闲来无事，和堂妹做了一个统计，统计一个从商的堂哥每天要打多少通电话，发多少条短信，结果我们惊讶地发现，一个月下来，他平均每天要打将近100通

电话，每天要发近 50 条短信，光是电话短信费用一个月都要上千块。有时候我们和他开玩笑，说如果按照他打电话的时间比例算，和家人打电话的时间都占不到客户电话时间的百分之一。每一次他都无奈地笑，然后又不好意思地接起下一个客户的电话，一接就是一连串。

不少人可能觉得太不可思议了，一天竟然有那么多电话要打、那么多短信要发，但是，对于他而言，这是工作的常态。有时候，我们还在吃饭，他突然接到一个客户电话，说到哪里了，需要有人去接，然后他就放下才吃到一半的饭，匆匆忙忙地离开了。有时候，为了难得过节放假，家中长辈千叮万嘱要回家吃饭，结果他在回来的半路上接到电话，临时有安排，最终还是与刚刚做好的饭菜擦肩而过。我起初以为他是因为工作效率不高才这么忙碌，结果当我有一天认识了他的前领导，我发现他那只是小巫见大巫。

[2]

堂哥的前领导可以说是一个工作狂，一个月在家待的时间不到四五天。今天飞这个区域了解市场，明天飞另外一个区域开客户会议。平时稍微闲下来一点儿就开始与同行开协同会议，每天都跟打了鸡血似的。

有一次，我们去桂林玩儿，那位领导请我们吃饭，结果我们饿着肚子看着桌上丰盛的饭菜足足等了两个多小时也没见着人，最后他告诉我们一个客户突然打电话过来，耽误了。我问他平时这么忙，怎么陪家人，他开玩笑说："好女不嫁销售郎，以后你要记住了。"然后看着我身边从商需要整天跑销售的堂兄，我们不约而同地附和："打光棍儿的前奏啊，你可得想清楚了。"

很多人会问，这么忙碌地工作，值吗？每个人的权衡标准不同，没有值不值。但是，我想说，人家一个月领着别人好几年的工资，如果轻轻松松，一点儿都不忙碌、不劳累、没压力，那多半是骗人的吧。

[3]

我看到一些微商老是宣传做微商如何能轻轻松松赚到钱，走上人生巅峰，还有一个人曾经为了说服我代理她的产品，把我的工作和投资实体行业的都诋毁得一文不值。在她看来，不做微商都是跟不上潮流的，都是落伍的，她还说做微商一年赚个几十万上百万都是特别轻松的事情，可比我这样强多了。但是，后来我认识几个做微商的朋友，他们告诉了我很多真相，我才惊讶地发现，大部分的微商，是不赚钱的。有一个做微商的朋友，亏得血本无归，来求我借给她点儿钱，我问她：“你之前不是说只要和你做，都能够发家致富吗?”她说：“我就是急功近利，希望早点儿过上有钱人的生活。”

这个朋友的遭遇不禁让我感慨，其实，赚钱真的不是那么轻松的事情。在我认识的人里面，能够赚到比普通人多很多钱的人，都是十年如一日血拼出来的，没有谁像广告里说得那么轻松。写作的作家，十年笔耕不辍，才实现财务自由；创业的小年轻，当年不知睡过多久地下室，而今才可以睡上席梦思；成功转型的全职妈妈，刚刚离开家庭的时候，曾经伴随多少的迷茫和无奈，才适应职场成功逆袭。在他们当中，都有一个共同的特点，那就是承受得住比常人更多的压力，忙起来不分白天和黑夜。

承受得起多大的压力，就配拥有多少的财富。如果你每天都轻轻松松只一味地抱怨自己拥有得太少，而别人拥有得太多，那一定是你还不够了解别人赚钱的艰辛。

你有什么资格看不起别人的努力

蓉蓉家境挺一般的，所以上大学的时候，她一直坚持勤工俭学，大二开始她就去新东方做了兼职老师。

她们宿舍一共六个女生，除了她之外个个懒散。上过大学的人都知道，大学的课程安排一般比较分散，不是天天都有课。即便是有课，她们这帮曾经的学霸（现在的学渣）也不会天天去上课，原因有很多：天儿太热，天儿太冷，前一天晚上睡得太晚，上午的课不点名……都能成为她们“翘课”的借口。

蓉蓉这人挺“奇葩”的，经常是她们宿舍五个人还在睡梦中的时候，她就背着沉甸甸的书包悄悄出去了。她们几个睡眼惺忪地端着脸盆出去洗漱的时候，她风尘仆仆带着疲倦刚从外面回来。

于是大家都很好奇，她这么卖力地做兼职，能挣多少钱？

那天晚上她们聊天儿，大家叽叽喳喳地问她："你一个月能挣多少钱？"

"八百块，超过八百的话还要扣税呢！"

"哦！那刚好是我爸给我一个月的生活费。"其中一个表示。

"我爸一个月给我一千五呢！"另一个说。

"我爸一个月给我五千，要买衣服再打电话问我妈要钱就行了。"还有一个嘻嘻哈哈地说。

"爸妈说，我在学校就好好学习不用做兼职，以后毕业了再找个好工作，比什么都强。"还有姑娘说。

她们六个人当中除了蓉蓉，家里都是小康以上水平，吃喝不愁，没有压力。于是她们对于她出去兼职的事情都感到很不屑，背地里还尖酸刻薄地说她，拿应该学习的时间去做兼职，以后是不会有好前途的。

许多大学生都是这样，他们是父母的掌上明珠，在一个好的学校上学，每个月拿着家里给的生活费，生活的中心就是吃饭、上课和追剧，一到白天就犯困，到了晚上就精神。

他们很少憧憬未来，大家都坚信，只要一毕业，未来就会为他们插上粉红色的翅膀，飞多高、飞多远由他们自己决定。

他们带着强烈的小康家庭出身的骄傲，看不上这个，瞧不起那个，觉得那些天天打工的贫寒学子，简直是自掉身价。

至于蓉蓉，她还是继续在新东方代课。有一天，北京下着暴雪，寝室其他五个人买了许多零食，叫了外卖，围着中间的电脑看电影，正是情绪高涨之时，寝室的门“哗”一下就开了，蓉蓉跟个丧家犬似的跌跌撞撞地进来，头发湿漉漉的，嘴唇冻得乌青。看见她，五个窝在寝室一天的姑娘才知道原来外面这么冷。

之后她还是继续在新东方代课，这五个姑娘感叹于她的坚强，不过还是坚持着她们自以为是的骄傲，大家相安无事。

两年之后，她成为新东方朝阳区的名师，上课的时候还有助教协助。她上一小时课的课时费飙升到了260元，一对一辅导的话一小时是500元，前提是要看她有没有时间，而且她的课时费还在上涨。

蓉蓉寝室的小宁毕业后没有找到好工作，于是她也去新东方应聘做兼职老师，结果她第二轮就被淘汰了。面试官评价她说，她的口语与她的学历是成反比的。

上大学的时候我们系也有过一个有意思的男生。他小眼睛、短下巴，讲起话来声音柔柔的，头发油油地“趴”在脑门儿上，衣着也极其老土，总是穿一件介于棉和化纤材质之间的土黄色衬衫，里面还要露出一节高领秋衣。他这人喜欢跟别人打交道，可是女生们都嫌弃他寒酸，不愿意跟他聊天。

他特别喜欢读书，建了一个500人的QQ群，身边的同学都被他拉了进去。可是大家都不情愿，大家觉得天天上课已经看了很多书了，干吗还要再读书；其次这是一个有着奇怪组织者的奇怪组织，于是，大家纷纷闪进又闪退。

可他把这个群坚持做了好几年，后来又做了自媒体，现在居然有自己的公司了。这让那些因为其貌不扬而藐视他，因为不想读书而疏离他的人都觉得惊奇不已。

现实中的很多人都是这样的心态。

出身可以，长相可以，学历可以，人品也可以，就觉得自己有资本骄傲。嫌弃这个嫌弃那个，最经常说的话就是：“那有什么呀，我也能行。”

真的行吗？试试就知道了。

培训老师没那么容易当，自媒体人也没那么容易做。

很多人因为成长经历的原因，容易对自己的能力有夸张的认识。有些人因为自己长得漂亮就骄傲，有些人因为自己家境富裕便骄傲，有些人因为自己有男朋友而骄傲，有些人因为自己有幽默感而骄傲，但往往就是因为这小小的优越感，阻挡了你进步的空间。

谦虚的人都在往前狂奔，骄傲的人却滞留在原地孤芳自赏，到头来才猛然发现，自己的骄傲一文不值。

你或许天生有一副好皮囊，你或许生来便智商爆表，那是上天赋予你的财富，你要感谢自己的父母。天生条件不错的人，就像孔雀一样，特别爱惜自己的羽毛。

如果你持续这样想，那么十年之后你将会看到——你现在所欺辱的、嘲笑的、轻贱的人，可能是你将追赶的、佩服的、尊敬的人。

只怕你到那时会有凄凉的感觉，站在自己曾经看不起的人旁边，反而衬托出自己的暗淡了。

假如你不想那样，就抱拳同骄傲说再见，从你的神坛走下来，然后你会获得成长。这个成长的标志就是，你会明白除你之外的所有人都有可学之处。

Chapter 4

努力永远是成长的真命题

[1]

小满是我的大学室友。

那一年，我如愿考进了理想中的大学，内心欢呼雀跃得像个拿到糖果的孩子。

这种隐秘而微妙的喜悦，一直持续到大学开学。那天，当我推开宿舍大门的时候，小满正哼着不着调的歌，一个人自娱自乐地铺被子。看到我，她莞尔一笑，跟我打招呼说"你好。"简单的两个字，夹杂着浓厚的乡音。

可是你知道吗？就是这个普通话糟糕得让人着急的姑娘，有天却拉着我去广播站报名播音员。我狐疑地看着她，问：“Are you sure?”她坚定地点头，说：“试试呗。”

面试那天，小满姑娘一开口，台下笑声一片，我却被她这种“不自量力”的样子打动了。轮到自己上台的时候，我第一次尽百分之百的努力去做一件事。后来的录取名单里没有小满，我却阴差阳错地进了广播站。

这之后的很多个早晨，我总能看到小满站在操场上，旁若无人地朗读文章。晨光中的她，执着得有些傻气。那也是我第一次发现，原来认真努力的姑娘看起来真的很美。

小满来自偏远乡镇。开学那天，她的口袋里仅有五十元现金。这四年，她总是行色匆匆，拼命读书，努力做兼职，就像深山里走出来的野玫瑰，活得很用力。

有一次我忍不住问她：“有必要这么拼命吗？”她笑着回答我：“没听过那句话吗？没有伞的孩子，就只能努力奔跑。你看，只有这样，我才能填饱肚子啊。”

我被这句话震慑住。想起宫崎骏动画片里的一句话：“起风了，唯有努力生存。”

你要问后来的小满对吗？很遗憾，可能让你有点儿失望，因为这样努力的她，后来也只不过是这座城市的大街上一个极其普通的女孩子。这些年，她还清了助学贷款，有一份尚且稳定的工作。可是，单就这些，她也要付出比我们更多的努力。

因为小满，22 岁之后的人生，我再也没有无知而狂妄地说过："那么努力有什么用?"

对于这个世界上的有些人来说，努力只是为了过上普通人的生活。

[2]

小秋毕业后，为了追随男友急匆匆地奔赴上海。那时她所谓的人生理想不过是找份清闲的工作，每天准时回家，为心爱的人洗手做羹汤。

但是很不幸，小秋的上司 Emily 无比热衷于工作这件事，所以他们部门加班是家常便饭。

Emily 非常漂亮，不是那种简单的长得好看，而是一种精致到骨子里的大气与从容。每次小秋看着上司那张精致的脸，心里都会有个很肤浅的困惑："这个女人明明可以靠脸吃饭，何苦这般辛苦地跟事业死磕?"

小秋觉得自己和 Emily 气场不和。有一天，Emily 将小秋连夜修改的方案批得一无是处，小秋据理力争，做好被她炒掉的准备。可中途 Emily 突然停下来，看着小秋，笑着说："能这么牛哄哄地跟上司顶嘴，大抵是有退路吧？"

上司说得对，小秋的确有退路。

她的男友说："赚钱养家是男人的事，你负责貌美如花就好。"情话真好听，可就在这一年的冬天，他却毫无征兆地劈了腿。

小秋的天空像是缺了支撑，瞬间塌了下来。下班后，小秋一个人跑去衡山路酒吧喝酒。喝到正难受的时候，碰到了 Emily。

那天小秋第一次见到 Emily 的男友。她一直觉得像 Emily 这样强势的女人，就该孤苦伶仃一个人，可坐在她身边的那个男人，明明就是传说中的高富帅，而且他看向她的眼神里有满满的爱意。那也是小秋第一次见到工作之外的 Emily，很温柔，也很可爱。

那个夜晚，Emily 安静地陪小秋聊天儿，像多年的老友。第二天，小秋收到她的一封邮件，她说："知道吗？有时看到你，就像是看到多年前的自己。你昨天问我，为什么要拼命工作？我的答案是，努力一些，也许就能在爱情里从容一些。”

Emily 让小秋知道，好的爱情应该是各自独立，再努力走到一起。

后来，小秋也变成了很多小姑娘人生中遇到的第一个女上司。偶尔小秋也会借用 Emily 的句子来善意地提醒她们：女孩儿，努力工作，这很重要。

[3]

K 小姐是我高中同学，我们失联很多年。和她重聚是在 2014 年 5 月，那时我去杭州出差。

出发前，我在签名上挂出“谁在杭州，有事相问”时，第一个跳出来的是 K 小姐。电话那头的她声音明快干净，我很难将她和记忆里那个忧郁沉默的小女生联系在一起，有种断片儿的不真实感。

特别是第二天，当我在机场的出站口看到她的时候，忍不住瞪大眼睛，感叹时光不仅没有折磨她，反而让她变得光彩照人。眼前的她穿着修长连体裤，踩八厘米高跟鞋，干练且漂亮，有种气定神闲的自信。

我想起高一那年，毫无存在感的 K 小姐突然宣布退学。这件事并未引来同学们多少惋惜，毕竟以她的成绩，按照正常的轨迹，未必就能在两年后考上大学。

K 小姐搬着书本离开的那个黄昏，带着一意孤行的孤独。那时我还是个小文艺青年，她的背影让我想起了莱蒙托夫的一首诗：一只船孤独地航行在海上/它既不寻求幸福/也不逃避幸福/它只是向前航行/底下是沉静碧蓝的大海/而头顶是金色的太阳……

而眼前的 K 小姐，像是被时光点石成金。

她在杭州和男友开了一家装修设计公司，爱情美满，事业顺利。毫无疑问，这是个励志的故事。你能想象吧，现如今大学生遍地都是，谁会相信一个没有学历、没有经验的小丫头可以玩儿设计？K 小姐带我去吃美食，聊起往事的时候，处处轻描淡写，却还是听得我热血沸腾。

在 K 小姐身上我发现，努力这件事，有时可以让我们在主线之外有多条副线。就像里尔克在诗里写的：他们要开花，开花是灿烂的；可我们要成熟，这叫作幽暗而自己努力。受她启发，我花一整晚的时间研究客户的个人偏好，然后滴酒未沾，顺利签下一笔大订单。

有些路走不通时，不妨拐个弯儿。肯努力的话，条条大路通罗马。

[4]

最后，我想说说90后姑娘，Judy。

有一次，我们团队的团队建设活动选在豆捞坊进行。为了赶项目，我们团队最近每天都在没日没夜地加班，这群人里，也包括Judy。

Judy是本地人，也是传说中的“拆二代”，她家有三套拆迁房。有人揶揄她：“我们奋斗一辈子也赶不上你，你又何必这么辛苦?”鬼灵精怪的Judy慢悠悠地答道：“人生那么漫长，如果不努力做点儿什么，一辈子得多无趣啊!”

有人说她矫情，可我真是喜欢这个答案，像是回答了我青春期里的困惑。

十七八岁的那几年，人人都在意气风发地往前赶路，马不停蹄地力争上游。我却悠然自得地觉得，不那么努力也很好啊，人生又不能“一日看尽长安花”。

我在很多年之后才知道，关于努力这件事，有人是出于热爱，有人是为了生活，还有人仅仅是不想让人生太无趣。就像知乎上有人说的：“如果一辈子都满足于吃回锅肉的话，那肉夹馍和锅包肉怎么办？”

现在，成熟了的我，回过头来看那个当初说着“我才不要努力”的姑娘，我忍不住在心里感叹：“年轻真好，一切想法都可以被原谅。快意恩仇是对的，胸怀大志是对的，与世无争、宁静致远也没错啊。”

可后来那些出现在我生命中的姑娘让我明白：任何事都值得全力以赴，努力永远是成长的真命题。

我从来没告诉过她们，我真喜欢她们低着头向前赶路的样子，看起来真的很美。

Chapter 4

别努力了一下子，自己就感动到不行

我有一个堂弟，目前读大二，他跟我聊天儿说自己受够了浑浑噩噩的日子，想要去努力，去学习一些技能。但开始容易，坚持下去却很难，真正去做的时候往往会后劲儿不足，刚开始热情满满，渐渐地就会坚持不下去。而且，如果稍微付出一点儿努力，就会觉得自己好厉害，感觉自己无比正能量，总是容易自我感动。

比如考英语六级这件事，因为他读的是一所普通的高校，很少有人去考，他决定试试看。在准备的过程中，他总是很想让别人知道自己在努力，甚至想获得别人的认可，比如每天去图书馆占完座位之后，他都会发一条动态，类似于“今天又是6点起床占座位！”这种，发完动态之后，如果别人点赞和给了肯定，他就会心花怒放，如果没有人回复或没人给予肯定，他的心情又很容易变得失落。

在这种心理状态下，他又到底有多少时间是认真用来备考的呢？虽然他前前后后准备了大半年，结果我想大家也猜到了。成绩出来后，他又极想获得别人的安慰，心里想："别人都没有勇气和决心去考，我准备了并去考了，无论结果怎么样，总是值得肯定的吧？"如果别人没有给他想要的反馈，他又会陷入"我那么努力，也那么辛苦，你们都没看到吗？"这种自怜的情绪中。

我相信大家身边一定不会缺少这种人，他们经常自诩自己多么辛苦和不容易，比如熬夜写材料，感冒发烧了还上班，连续好多天只睡几个小时，加班很久没有假期等。尤其是有一种人，自己加班了非要发个照片和动态，好像怕别人不知道似的，似乎全世界就他最苦最累，如果别人没有给予赞美和同情，他又会感觉全世界就他最委屈似的。

这些人一方面是需要获得外界的赞同和认可，另一方面又极易陷入自我感动和自我同情中。其实，比你苦，比你累的人多了去了，如果这些东西也值得夸耀，那么任何一个农民工、清洁员、底层的劳动者都比你辛苦多了。

我曾经也是这种人，很容易被自己感动。比如有一次，我累死累活连续几天熬夜做一个 ppt，完工的那一刻我都被自己感动了，我觉得自己已经尽力了。但是第二天 ppt 放出来，却未得到领导和大家的认可，那一刻我内心满是委屈，我那么努力，不但没有得到认可，甚至没有一点儿同情，我真想说："你行你上啊！"

但是，这个社会就是这么赤裸裸和现实，大家都只想看结果，过程只能留给自己。如果你想要成功，就要默默地去努力，而不是吃了点儿苦或受了点儿委屈，就整天嚷嚷着："为什么我这么苦这么累，却得不到别人的认可与同情？"

成功之前，没有人会在乎你在努力的过程中吃过多少苦，受过多少罪。现实生活中，很多人在遇到挫折或失败的打击时，都会产生一种悲观失望、自怜自艾的心情。在这种情绪的笼罩下，人往往寄希望于他人能同情自己或伸出援手，如果没有，许多人就会一蹶不振，失去了重新开始的勇气。

但是，别人对你的认同和同情，除了能带给你一点儿心理安慰之外，又能改变什么呢？如果你习惯了同情自己，就容易变成懦夫，失去前行的动力。只有不断对自己进行鞭策和激励，积极地去反省和总结失败的原因，才会走出懦弱和自怜的心理陷阱。

就像卡尔维诺说的："这些年我一直提醒自己一件事情，千万不要自己感动自己。人难免天生有自怜的情绪，唯有时刻保持清醒，才能看清真正的价值在哪里。我们每人都有别人不知道的创伤，我们战斗就是为了摆脱这个创伤。"

如果你经常陷入这种既需要外界赞同又容易自我感动的状态，那么你应该扪心自问一下：你为什么要努力？没有人要求你努力，那都是你自己的选择。你可以选择安逸的生活，也可以选择随波逐流，但是既然你选择了努力，那么这条路就注定是孤独的。

如果你想变得更好的初衷只是为了给别人看，或者获得外界的认同，那么你永远不会有实质性的进步。只有在我们不需要外界的赞许时，才会变得自由。

你还需要问问自己你真的够努力吗？其实，大部分人只是看起来很努力而已，而困扰他们的是明明不够努力却不满足的事实。

许多比你成功的人比你还努力，所以，不要再抱怨为什么自己努力了却没有成功，或许问题只是因为你根本不够努力而已。

还有些人当他想做一件事情之初确实挺努力的，但是他们坚持不下去。这些人往往比较急于求成和急功近利。你才做了多久就想出成绩？很多科学家都是呕心沥血一辈子，才做成一件事。

关注过 NBA 的人一定知道科比的故事，曾经有个记者问他为何能如此成功，科比问他："你知道洛杉矶清晨四点钟的样子吗？"记者说不知道。科比说："我知道洛杉矶每一天清晨四点钟的样子。

"洛杉矶每天早上四点钟仍然在黑暗中，我就起床奔跑在洛杉矶黑暗的街道上。一天过去了，洛杉矶的黑暗没有丝毫改变；两天过去了，黑暗依然没有半点儿改变；十多年过去了，洛杉矶街道早上四点钟的黑暗仍然没有改变，但我却已变成了肌肉强健，有体能、有力量，有着很高投篮命中率的运动员。"

所以，你坚持了吗？是不是别人告诉你不可能，你就放弃了呢？其实，成功有时候很简单，那就是专注做一件事，并坚持做一件事。

还有的人会说："我努力了，也吃了很多苦，但是没有成功，所以你说的努力都是骗人的，都是鸡汤。”一方面，你要明白，努力了不一定成功，但不努力就一定不会成功。另一方面，你要懂得努力和吃苦是两码事。

如果光讲吃苦这一点，那么任何一个体力劳动者都比你辛苦，如果你没有目标，没有梦想的指引，没有具体可实施的策略，只是在拼吃苦，你又怎么可能成功呢？自我感动式的努力往往会让人懈怠，行动上的忙碌更掩盖不了思想上的懒惰。

如果你还在困惑，那么你应该认真地想一想问题到底出在哪里，是仍在空想还是已经行动了？如果你行动了，那你真的努力了吗？如果你已经努力了，那么你坚持了吗？

如果你没有去尝试过，就不该说做不到；如果你没有真的努力过，也不配谈无力感，更不应该陷入自我同情与自我感动的虚幻中。最怕的就是不自知亦不努力，不努力却又不满足。

同情和感动是人类的正常心理感受，尤其是在现代社会中，人都是麻木冷漠的，适当地自我同情和自我安慰没有什么不好。但当感动变成一种不经过大脑思考的条件反射，这种同情往往会遮蔽了我们的真实感受。自我同情和自我感动如果生出一种优越感来，而且还想要别人也对你同情和感动，那就不对了。

请记住《挪威的森林》里永泽对男主角说的那句话："不要同情自己！同情自己是卑劣懦夫干的勾当。"

时光不会辜负奋斗的你

前一阵子，一档综艺节目《演员的诞生》大火，我也赶时髦跟着看了几期。其中姿态从容而优雅、态度专业而犀利的导师章子怡给我留下了极其深刻的印象。

章子怡似乎走到哪里都能成为焦点，她是那样美艳张扬，那样骄傲自信，那样气场强大。她就像一个骄傲的女王，可以把任何地方作为自己的主场，然后睥睨众生。

她是这样喜形于色，毫不掩饰野心，也敢于轻视面对表演不认真的流量明星，章子怡凭什么能这样？她凭什么敢这样？因为她有足够的资本。

她是影视界出了名的“拼命三娘”，为了表演，她可以付出一切，她身上带着一股子不达目的誓不罢休的狠劲儿。

纵观章子怡一路走来的成名历程，那真是相当艰辛。

Chapter 4

1996 年，章子怡考上了中央戏剧学院，可来到这里她才发现，这里是才华横溢、容貌出众的年轻人的聚集地，她瞬间被淹没其中。

刚开始，章子怡因为底子差，在班上完全是“吊车尾”，她的作业完成得非常艰辛，而交不出作业就有可能会被退学。

那时候因为压力太大，章子怡甚至萌生了退学的想法，但是父母说她要对自己的选择负责。章子怡想来想去，觉得退学的话也没有别的出路，于是打消了念头，硬着头皮继续上学。

就这样足足苦熬了一年的时间，她这个“吊车尾”的学生，终于在不断受挫后开了窍。

大二的时候，19 岁的章子怡被导演张艺谋选中，出演电影《我的父亲母亲》中的女主角招娣。

电影开机前，她去农村实打实地住了一个月，每天跟农民们一起喂猪、挖土豆。

拍摄的时候，在严冬的山中，她要穿着好几条棉裤在雪堆里打滚，有时候一天能跑上几千米。

因为有了种种常人难以想象的付出，才有了那么纯朴的招娣。

付出总会有回报，因为这部戏，章子怡19岁就获得了百花奖最佳女主角。

后来，章子怡又拍了李安导演的《卧虎藏龙》。这部电影最初李安找的是另一个女演员，但因为对方档期排不开，于是选择了章子怡。但章子怡在拍摄的过程中，剧组也一直在面试其他女演员。章子怡很害怕自己会被换掉，所以她拼了命地练习武打动作。

为了让李安满意，章子怡豁出命地去拼，亲自拍打戏甚至拿脸去撞墙，每天下来整个背都是又青又紫。

有一次，和杨紫琼对戏的时候，章子怡的指甲都被打飞了。可她还像没事人一样，把手指插进雪里，等伤口凝结了，血流干了，继续打。

吊威亚的时候，因为没有经验，弄得浑身都疼，她也不抱怨，硬是撑了六个月。她妈妈来探班都心疼地哭了，章子怡还笑着说："妈，这个很好玩儿呢，跟过山车似的。"

虽然，起初章子怡并不是李安心中的玉娇龙，但章子怡凭借对自己的这股狠劲儿和对表演的这一份诚恳和热忱打动了李安。

正是凭借这股狠劲儿，短短几年，章子怡稳坐国内超一线大牌的位置，成为真正的“国际章”。

章子怡的成功没有什么捷径，她只是赢在了比别人更拼命。

我有一个朋友，也是一个不服输的人。姓薛，且称她为薛小姐吧。

薛小姐在大学期间苦学德语，而后终于通过了德福考试，在同学们羡慕的目光中，得以去德国深造。

她本以为，在踏上德国国土的那一刻，自己会很兴奋，然而实际上只有茫然和无措被大脑调动了出来。陌生的国度、陌生的人群、陌生的语言让她切实地感受到孤独、无助。她小心翼翼地张望着，紧紧攥着手中的行李箱，以此给自己一点儿勇气。

此后的每一天，不适应和孤独在啃噬她，学习的压力和生活的负担在折磨她，当课堂上磕磕绊绊的回答引来哄笑的时候，当因为水土不服而生病卧床的时候，当兼职回来累到连说话的力气都没有了的时候，她都觉得自己快坚持不下去了。

那段时间，除了学习和兼职，薛小姐哪里也不去，她不愿意旅游、不愿意社交，她把自己关在小房间里与世隔绝。她经常哭泣，经常失眠，体重直线下降，她不敢给家里打电话，她把自己的留学生活过得一团糟。

她讨厌这样的自己，讨厌这种压抑、寂寞的生活，可是她更不能接受自己的懦弱。生活，就是一场硬仗，除了坚强，她别无选择。

她强迫自己走出去，强迫自己和别人交流。当她渐渐融入当地的生活的时候，她开始冷静地思考以后的规划。

她每天一共上五小时的课，其他时间去做兼职。起初，由于德语不够流利，她做的都是又辛劳、薪资又低的工作。后来，随着语言能力的提高，她能做的事情越来越多，到了第二年下半段，她的生活费已经完全不需要父母支付了。

说实话，第一次听到这些的时候，我是非常震惊的。在我的印象里薛小姐一直是父母的掌上明珠，是被人宠爱的娇娇女，然而一个人在德国的生活让她迅速成长起来，变得坚强稳重。

看我那么心疼她，她反而还安慰起了我："其实就是听起来艰难，真正一天一天过起来也没什么。主要是开头艰难，后面慢慢适应了就好多了。你看我的学业完成得多好，德语水平突飞猛进，还参加了不少有意义的活动，结识了不少新朋友，你应该为我高兴!”

看她那么坚韧、乐观，我确实很为她骄傲。我想现在把她放在任何环境中，她都能很好地适应，坚强地面对。

回国后的薛小姐拼劲儿十足，她没急着追求稳定，而是找了一份经常需要辗转各地的工作，在这一年多的时间里，她跑遍了半个中国，工作能力得到了很大提升。后来，她定居在了北京，她的学历、语言能力和过往的经历全部变成了她的核心竞争力，很快就变成了领导身边的得力干将，现在已经升任部门经理。

所以，哪怕一开始看起来付出和收获不成正比，只要我们足够坚强，怀有信心，岁月终将不会辜负奋斗的你。

没有拼搏过的人生是索然无味的，正是因为那些坚韧的人始终保持永不言败的精神，坚持不懈，勇往直前地与困难斗争，与坎坷和挫折斗争，他们的人生才能像钻石一样璀璨。

人往往只会羡慕过得好的人，而不会去思考原因，习惯了舒服的状态，就更不愿意打破现状。殊不知时光不会辜负奋斗的你，只有不懈奋斗才能让你的人生绽放光芒。

Chapter 5

幸福会迟到，但从来不缺席

Chapter 5

莫问前程凶吉，但求落幕无悔

我的朋友音姐是一个著名的心理咨询师，帮助过无数患者走出阴霾，现在她又开始经营公众号，在网络上为人们答疑解惑。

有一次，音姐和我聊天儿，她说："昨天一个持有三级咨询师证的网友问我，考到二级咨询师证是否会有练手的机会。

"我不确定对方问这个问题的想法，于是我又问了对方另一个问题：'如果不确定是否有练手的机会，你会去学习和准备且永不放弃吗？'"

音姐的话也引起了我的思考，这两个问题最大的区别在于：前一个问题是以外界的可能性来决定自己的行动，后一个问题是用自己的行动去捕捉机会。

我发现有很多朋友，在他们真正实现自己的梦想之前，他们的思维首先已经成功转化为后一个角度去思考问题。

大多数人都喜欢告诉自己：如果我成功了，如果我有钱了，如果我知道确定的答案，那么我的生活该是另一番样子。如果我们生活的丰富必须在实现这些期待后再开始，那没有实现梦想的日子该有多憋屈。

实际上，我们生活的呈现不在于拥有多少资源，而取决于我们对待生活的态度。

当我们内心匮乏时，看什么都不够好；当我们活得不踏实时，任何风吹草动都让我们草木皆兵。

说到底，当我们努力用外在充实自己或用一个未来的想象填满自己时，经常会忽略了这辈子最应该关注的只有自己。只有自己变得敞亮了，生活才会上一个更高的台阶，才能看到更美好的风景。

音姐在成功之前也曾经历过黑暗。她开始做心理咨询时，几乎没有练手的机会，为了能够提升自身能力，她边工作边抽时间每天钻研两个个案。后来她觉得自己还是进步太慢，又挤出额外的时间每天研读那种有些不太好懂的专业书。

坚持了很长一段时间之后，她开始有了练手的机会，个案一个个累积，通过这些个案的信任推荐，个案量才逐渐增多。现在，她每天最多可以排六个个案，已经成为炙手可热的心理咨询师。那些曾经做过的努力，开始一点点发挥效用，让她能越走越远。

她说她之所以能在什么都看不到的时候没有选择放弃，是因为有前辈告诉她："不要担心没有人选择你，当你的能力能接手个案时，一切属于你的机会都会接踵而至。"所以，她从事这一行七年来，在她最艰难的时候，也没有特别考虑未来，只是沉下心来一天天地努力。

这个过程其实不太容易，因为刚开始没有收入，没有人看着自己时会很容易放弃坚持。从短时间看，坚持没有什么意义，可是当你成年累月地不放弃，就会带来质的变化，这就是坚持的力量。

最重要的不是我们做过什么，而是我们在坚持做什么。哪怕每天只是听 10 分钟的音乐，或者慢走半个小时，或者观赏一部电影，坚持一年都会有意想不到的收获。当你尽可能地去专注投入时，最终连自己都会惊讶自己为什么会走那么远。

我以前常听人说坚持 21 天就可以养成一个习惯，那时候一直觉得挺难的。后来听说了这样一句话：真正坚持打怪升级所花费的时间是以 10 的 N 次方算的，依次往后推就是 10 天、100 天、1000 天、10000 天，折算一下就是 1 个星期、3 个月、3 年、30 年。

这是真正把一件事情做到极致的方法，当你真正去把做一件事情的时间拉长时，就不再觉得每天做一件事情是痛苦的，也不再急躁地想一口气折腾出个模样来。

音姐在公众号写文章这件事也并非一蹴而就的。她开始挺没自信的，说自己不是一个好作者，只是希望通过自己的分享可以帮助一部分人。

但她一直坚持写，然后今年年初开始写一些优秀的书籍推荐，再后来又要求自己固定写稿发到心理平台，再后来陆续有媒体和公众号跟她约稿了。

通过不断坚持，她的公众号粉丝从年初的 1000 人积累到了现在的 7000 人，写文章的速度也越来越快，不断刷新着自己的小目标。

音姐常说："坚持不仅在我的身上起作用，在很多咨询者身上，也发生了脱胎换骨的变化。那些我们互动中产生的新体验和新经验，已经伴随着他们去直面眼前的挑战，站上了人生新的起点，吸引生活中想要的人和事到来。”

这些年，我从自己以及身边朋友的人生经验里学到，当你敢于走上一条路时，无论如何都会有收获。

如果不敢迈出提升自我的第一步，就不会有后来的很多步。这样的经历曲折却有连接，这就是命运神奇的地方。每当有人问我不确定的问题时，我总会支持他们去尝试，因为几乎所有的收获都是来自我们的每一次尝试。

当别人把目标放在等待机会时，我们的努力成长就是在制造机会。好比如果我们是一个猎人，我们就不会问今天有没有猎物再决定是否出门，而是每天子弹上膛，牵着猎狗出发就好了。

还记得最初看《武媚娘传奇》，行将就木的魏徵对武媚娘说：“莫问前程凶吉，但求落幕无悔！”这句话至今给我留下了极深的印象，这是我钦佩的大将风范，也适合每一位真正想活出自我的普通人！

这意味着：当你内心真想做一件事时，不问结果可能会如何，不问未来将走向何方，只为了不辜负这一刻我们对自己的期许。

许多人毕生都在追求对未来确定的感觉，希望通过他人、职业、金钱带给自己更多的安全感，可是却一直生活在匮乏当中。

每一次面临不确定的变化时，我总喜欢问自己："内在安全感和外在安全感，你要哪一个？"真正的内在安全感，是不管外界发生怎样的变化，永远不会放弃对自己的支持、信任和鼓励，以及对未知美好生活的向往。

当然，也有可能不管我们怎么努力，还是觉得不如别人，还是没有想象中的好。其实，如果你是一个以别人为参照的人，如果你真正坚持往前走，过不了多久，你就会发现能让你内心忐忑不安的人已经越来越少了。

面对这个未知的世界，变化是危险的，不变也是危险的，因为我们不知道我们一直固守的位置是否正有一枚大炮已经瞄准了我们准备发射，这促使我们终身都走在尝试或者转型的路上。

这些年的成长带给我的最大收获是：我不再惧怕变化，不再担心某一天会一无所有，也不再在意别人的眼光，不再随意把别人列为参照的对象，也极少有人能左右或者伤害到我。

Chapter 5

所有外界的呈现都源于我们内心的投射，也就是说我们遇见的一切都是自己做出来的！只是看你把生活过得好，还是过得坏！

先整理好自己，再去见人、爱人和做事，这样就变得极其简单！

别害怕，
未来你会成为更好的自己

没有人是一座孤岛，我们都是社会的一分子，所以你肯定会经历我现在所经历的光景，无论你已经经历过还是未曾经历，你都一定会通过工作与社会连接。我想谈谈一个普通大学生从象牙塔里走出来即将面对社会的迷茫和彷徨，希望能帮到如我一样正处在害怕、迷茫、彷徨时的你。

我们总说要努力，其实我们并不知道为什么去努力，该怎么去努力。学校通常灌输给我们的是书本里的死知识，知识固然很重要，但知识是需要实践的，需要一个厚重的沉淀过程。

我们在学校里习惯被老师带着走，而非自己走。可是当你走出象牙塔的时候，你会发现你没有勇气面对赤裸裸的现

实。你被保护得太好了。就像一个常年在无菌室里的病人，哪怕一颗小小的细菌，也会让你一击致命。

所以，当很多条路摆在你面前的时候，你该选择走哪条，怎么选择你才不会后悔，怎么选择你才会到达你想要的未来，怎么选择才会变成更好的自己，这让你有些迷茫。创业？考研？考公务员？打工？你不知道该怎样选择。其实，也没有人知道你究竟选择哪条路未来会更璀璨，因为我们都没有预知能力。

我们是生活在当下的小人物，每个人的内心都有一个英雄梦。我们从内心就认为自己是一个正义的人物，只是后来见过太多残酷的现实，我们逐渐退回到安全的贝壳里，不去尝试就不会受伤，不去出头就没有流言蜚语，慢慢地，我们所理解的正义变成了各自安好，自扫门前雪。

你肯定也会追星吧，有时候并不是因为很喜欢那个明星本身，而是因为他身上闪耀着迷人的光芒。他很耀眼，他做到了你做不到的事，他成了你想成为的人，他得到了你想要的一切。所以，即使我不追星，我还是很支持别人追星的。因为，那如同信仰，有了前进的方向，给人无限动力，让你成为更好的自己。

很多人即将面临毕业，普通大学、普通城市、普通家庭、普通样貌、普通才能，“普通”二字像一个紧箍咒，牢牢箍在他们的头上。每当听到别人说他爸妈已经给他找好了工作单位，每当看到没有上过大学却赚到很多钱的人时，他们总会忍不住地羡慕甚至忌妒：“读了这么多年的书，万一我毕业后没有找到自己喜欢的工作，万一我每个月工资只有1000元，万一除我以外所有人都拥有了梦想中的职业，怎么办？”

有人说，你才20多岁，为什么怕做选择？其实，一切不过是因为想得太多，所以害怕未知的未来。

前段时间看了一场很棒的演讲，是白岩松的。当时没有想明白，现在回想，确实句句戳心。

“如果我们要为未来忧虑的话，你拥有一辈子的机会，难道你会为了你的未来，一辈子都忧虑吗？

“爱你现在所在的时光。过去的已经过去了，较什么劲儿呢？未来的还没有来，你在焦虑什么？你知道什么叫真正的恐惧吗？真正的恐惧不是血肉横飞的画面，真正的恐惧是调动你的想象力，把你自己吓着了。”

曾经幻想过诗与远方，可是却慢慢迷失了方向，看不到灯塔，所以一直彷徨。我原以为黑暗中只有我是一叶孤舟，可当我穿过黑暗，回过头去看时，原来大家都一样。人不能与他人相比，而要与自己比。今天的我比昨天优秀，今天的我比昨天进步了一点点，这就很好。你羡慕，那就去努力；你努力，那就去行动。更何况，有时候努力是因为别无选择。因为浮躁，所以彷徨，所以迷茫，所以害怕。害怕中的你什么都做不了，无所畏惧才能无坚不摧、披荆斩棘。

其实每个人都害怕未来，每个人都害怕没能做自己想做的事，没有变成更好的自己，没有遇见对的人，你只是其中的一分子。可是当你无惧一切的时候，你会发现天变得更蓝了，花变得更香了，你也变得更美了。

量变最终会达到质变的，道路是曲折的，前途是光明的。尽情去尝试吧，创业也好，做明星也好，做自由职业者也好，考研究生也好，做公务员也好，打工也好，街头卖艺也好，那都是你的选择。你可以把生活过得很精彩，不单单是因为职业，更是因为你自己的梦想。

人本来就应该活得不一样，哪怕最后你的月薪只有1000元，哪怕你没有穿上西装制服，哪怕你不能随时付款请客，只要你正在通往梦想的路上，你一定会到达你想去的远方。

后来与好友聊天儿才发现，无论是现在正专心备考的同学，还是正在认真找工作的同学，或是在各地旅行的同学，其实我们都一样。因为年轻，因为不懂事，所以彷徨无措，甚至不知道该向谁诉说，因为没有经历过的人不懂，经历的人又会觉得这只是一件小事。

也许天气正好，也许在看的书正好，也许窗外的鸟儿叫了，忽然之间发现我已经不再害怕未来了，也不想再为未来担忧。现在的我正走向梦想中的地方，也许一两年内不能实现目标，那么就用三年来实现；也许过程很辛苦，可是我在做着我喜欢的事情，苦也是甜的。更何况，我担心的困难80%都是不会出现的，它们只是心魔，我要做的是战胜 20%的真正的困难就好。

希望你和我一样，不再害怕未来，成为更好的自己，实现自己的目标，到达想去的地方。今天的我，就是比昨天更美好的自己。

Chapter 5

努力一点儿，你并不吃亏

有一个朋友，特别喜欢在朋友圈发一些负能量的文字，比如说：再怎么努力，失败者也不会变成高富帅。再比如说：大多数人的天资，注定了这辈子只会一事无成。虽然他说的反映了一部分事实，但这世上大部分的人都出身一般，天资平平，如果再不努力，就真的一点儿希望都没有了呀！

我出生的小镇，人们的生活相对城市里会比较辛苦，但跟附近的农村比，生活在镇上的人即使辛苦，也还算好些，起码离集市比较近，还能就近卖点儿菜什么的。生活在农村，过得就很不易了，拿二十个鸡蛋去卖，也得从凌晨四点走到太阳高照，才能从家里走到集市上。不走路而骑自行车的话，要一个多小时；骑摩托车要快点儿，四十分钟左右。在我童年的时候，大部分村里人的家里是没有摩托车的，他们赶集的时候，通常半夜出发，从明月高悬走到日头挂在天空，才能赶上早市。

初中时，我同桌就是农村的。她的父亲从事泥瓦匠的工作，因为没读过书，和大部分村里人一样，坚信养儿才能防老，于是一口气生了三个姑娘后，还是东躲西藏地生了一个儿子。我同桌是家里的第二个姑娘，最容易被忽略的存在。

据她说，整个小学期间，每天早上起床，她妹妹踩在凳子上烧一家人的饭，她姐姐带着她上山打猪草。猪草上晃动着露珠，极新鲜的时候被割下来，倒在猪圈里，然后她才能匆匆忙忙吃妹妹亲手烧的早饭，背着书包提着篮子去上学。为什么要提着篮子呢？中午放学的路上，边走路边割猪草，割满的时候，差不多也该到家了。

我们那个初中是镇上唯一的重点中学。她是她们村小学唯一一个考进来的。她上初中的时候，小学同班同学起码有三分之一退学，回家种地或者去广东、深圳谎报年龄打工。

她初中申报了特困生，免了学费，但生活费对于她的家庭来说也是不小的开支。学校离她家远，基本一个月才能回去一次。每次到学校，她的书包里装满了馒头干，泡着可以吃一周，这样七天的生活费就省下了。那时候，她一个月的生活费只有 15 元钱，据说大部分时候只能就着家里腌制的豆瓣酱吃二两白米饭。我比她幸运，我家住在镇上，父亲常年做生意，还算有点儿小钱，家离学校近，每天中午和晚上回家吃母亲煮的饭，就这样，我一周还有 20 元钱生活费。所以，我一直不理解，一个月 15 元钱，还住校，她究竟是怎么过的？

她是班上最努力的学生。有多努力呢？我是走读生，每天中午和晚上回家，偶尔下雨天懒得回家，就在学校食堂吃饭，吃完饭回到教室，总能看到她在座位上学习，不是背英语就是做练习题。她没有钱买更多的复习资料，只好把书本上的例题和考试的试卷反复练习，达到最熟练为止。晚上下自习，她还留在教室不走，一直到熄灯。熄灯后她回寝室，还在看书。她每天的洗漱都在寝室熄灯之后，悄无声息地进行，洗完默默上床睡觉。

因为贫穷，她是班上最沉默、最努力的一个。我从来没有问过她为什么这么努力，我初中的时候太懵懂，整天只知道玩儿，根本无力思考这么沉重的问题。直到很多年后回想起来，才明白，对于她来说，读书是唯一改变命运的机会，她别无选择。

尽管她已经这么努力，却从来没考过班里的第一名，一般是第三、第四名。那时候一个年级有八个班，她的成绩在年级里总是二十名以后。班上的老师评价她："天资不足，勤奋有余。"不知道她听了这样的评价心里会怎样想，想必很难过吧，但她习惯了不吭声。一个贫穷而又沉默的孩子，她心里的翻江倒海总是会被别人忽略掉。

以她的努力，自然能考上高中，虽不是市里最好的学校，但也算重点了。她高中和我不是一个学校，听说她比初中还努力。据说高三的时候为了更好地复习，夜里她在床上点了蜡烛读书，烧坏了一床被子。

功夫不负有心人，最终，她考上了省里的师范大学。之所以上师范大学，一是因为她没有考到更好的学校，还有一个原因是因为师范大学免学费，另外还有贫困生补助。她不愿意贷款，因为她一毕业就得支援家里。在她家，她是唯一一个念了高中和大学的。她的父母已年迈，姐姐和弟弟妹妹都生活在农村，而且因为姐姐还曾为了她能读书去做过很长一段时间的保姆，父母和亲人在农村过着很苦的日子，她作为家庭里唯一一个"文化人"，有不可推卸的责任来帮助家人。

大学毕业后，她应聘到浙江某重点高中当老师，没两年就和她的学长结了婚。学长研究生毕业后，也出来当老师了。夫妻俩都是老师，又是大学谈的恋爱，共同语言自然不少。学长是城里人，家里条件虽然一般，但相对她家已算非常好了。据说，他们结婚的时候，迎亲队伍从村子里敲敲打打地走过，羡煞了一路人。

在村里人的眼里，她算是鸡窝里飞出来的金凤凰，两人过着平凡夫妻的小生活，唯一不同的是，她的丈夫不必面朝黄土背朝天，她也不必成为一个匆匆忙忙煮完饭还得迎着日头下地干活儿的女人。于她来说，现在的生活虽然平淡，但跟村子里的同龄人比，已是天上地下。

她去年生了孩子，现在女儿快一岁了。有一次我们聊天儿，她发来一个网上特别有名的段子："有人会问，女孩子上那么久的学，读那么多的书，最终还是要回一座平凡的城市，打一份平凡的工，嫁为人妇，洗衣煮饭，相夫教子，何苦折腾？我想，我们的坚持是为了：就算最终跌入烦琐，过着洗尽铅华的生活，做同样的工作，却有不一样的心境；同样的家庭，却有不一样的情调；同样的后代，却有不一样的素养。"看完这段话，我很感慨。我想，如果她没有读书，没有考出来，只在家里做平凡农妇，是不会跟我说这样的话的。

现在这个世界，很多时候，不是你努力就一定能成功，因为天资和机遇会深深地限制一个人。然而很多时候，我们努力并不是为了过上多奢侈的生活，而仅仅只是为了让明天比今天更好一点儿，哪怕稍微好一点点，就已经是很好了。人生很多时候，不是为了能赢过别人，只是为了能赢过昨天的自己，只要做到，就已经算成功。

反正无论努力还是不努力，时间都一样过，那就努力呗！就算一个人的希望总是会被各种负能量所打击，也还是要充满正能量地生活。毕竟，如果没有希望，人跟咸鱼有什么区别？

Chapter 5

路还长，谁说这是最后的结局

最近，同事兔子的心情跌宕起伏，一问才知道，又到考研季了。

兔子的男朋友已经备考三次了，三次不过还在坚持考，这是第四次。兔子因为深爱男友，竟然也就陪考了几次。

起初我以为她说的陪考，也就是在男友复习的时候，安静地待在一边，看书或看电影，不发出声响，给他一个良好的学习环境。他看书累了休息的时候，陪他去吃好吃的，玩耍放松，如此而已。

可后来才知道，她说的陪考是报名和男友一起参加考试。因为他压力太大了，想要有个人和他一起考试，有个支撑和陪伴。在他学习的时候，别人也不能放松，要和他一起背英语单词，学习专业知识。

有一天，兔子顶着黑眼圈来上班，向我们哭诉："我现在整宿都睡不好，一看书就想睡，可真的躺在床上了，我又睡不着。"这是典型的因压力过大而导致的焦虑。

"我好怕他这次还考不过，怎么办？他都考三次了，我知道他的心理压力非常大，如果再考不过，我真的好担心他会崩溃。"

"他为什么一定要考研呢？"另一个同事忍不住问，"搞得两个人压力都这么大，多痛苦啊。"

"他非常崇拜那个专业的老师，就是想考那个老师的研究生，这大概是他的梦想吧。"兔子替他解释。

"可都考了三次了，如果今年不过，难道还要继续考？那要考到什么时候是个头儿？"同事问。兔子不说话。

兔子男友的这番举动让我想起"不撞南墙不回头"这个词来，那种执着到有点儿执拗的坚持，有时，我其实并不认可。

很多事，不是非要撞到南墙才回头的。太在乎一件事的成败得失，使得原本开心快乐的付出和努力，转变成一种自我怀疑和折磨，把初心的期待生生熬成了功利。就像兔子的男友，一开始，他是真的因为热爱那个专业，想考那个老师的研究生，可考着考着，就把考试当成了一种通关游戏，只有考上了，才对得起付出的时间与努力，才是对自己的认可。

我们也很能理解，兔子男友前三次考研其实离分数线都只差那么一点儿，就一点点，不再试试的确会不甘心。但有没有想过？有时不是能力的问题，而是心境和心态的问题。

“这次再不过，暂时先别想考研这件事了，不如工作一两年，换个思路和目标，去接触更多的人，扩展一下眼界，权当放松放松了。如果之后还想考，那就再继续考，若是不想考了，也就放下那份执着了，怎么样都是好的。”我建议道。

成败得失不在于一时半刻，一条路走不通，就没必要强逼着自己继续走，莫不如换一条路走走看，正所谓条条大路通罗马。不急于这一时半刻的成败，让自己到更大的环境里去多历练，没准儿会发现更多、更有趣的路。

有一天，我收到读者咸鱼的微信。咸鱼大四了，她说自己也在准备考研，可是从倒计时 100 天开始，她就无比焦虑。她的话有几句我印象比较深刻，她说：“为什么别人既可以有一手好牌，又能出好它，过得顺风顺水。可我大四，考研注定失败，拿一手烂牌，我该怎么办？我突然不知道自己存在的意义，对比别人，我有一种一辈子也追不上的感觉。”

面对失败，我们都曾这样质疑过自己。

我转而又想起白天在读者群里看到有读者抱怨自己的学校不好。我特别想把曾看到的一句话送给他们：“一只站在树上的鸟儿，从来不会害怕树枝断裂，因为它相信的不是树枝，而是自己的翅膀。”

很多时候，与其羡慕别人顺风顺水，抱怨自己周遭险恶，不如在成长的路上不断努力。只有让自己强大起来，才能获得最大的安全感。

当然，有时我们必须承认，真的存在运气这回事。有的人相貌好、出身好、人缘好，他们的运气的确让人艳羡。可是，运气终究不能跟真才实学相比啊。没有人会有一辈子的好运气，真的竞争起来，有能力、有才干才是王道。

在迷茫的时候，在人生低谷的时候，在拼了命想做好一件事最后却做砸了的时候，我也大哭过，咒骂老天为什么对我不公？但很快，我的心态就放平了。

是啊，不如就承认自己运气差一点儿吧，但不急在这一时半刻，好运还在后面呢！咬紧牙关挺过去，失败了就重来，做得不好就重做，一种方法不对就换一种思路继续努力，总之不能被打趴下啊。就像打游戏，通不了关的时候，就练技能，技能提升了，自然就能通关了。

有些时候，别人先拿到好牌，先尝到了人生的甜头，走在你的前面，你以为那都是靠他的运气。可哪里有那么多天生好运的人呢？多少人含着金汤匙出生，最后还不是因为自己不努力，长大后依然只是一个“富二代”头衔的附属品。

那些你以为一直好运的人，其实在你看不到的时候，都是真的在努力，因为越努力才越幸运。

有人说，总觉得自己碰不到美好的人和事。其实，并不是老天爷故意整你，可能是因为你自己还不够好，它们暂时都躲着你。

当你足够厉害的时候，原先那些难题就不再是难题，那些刁难你的人也不再有刁难你的资本。当你能轻松搞定很多人和事的时候，世界就会变得顺遂起来。

也曾遇到一个较真儿的读者，他问：“是不是每个人只要努力，最后一定都会成为很厉害的人？”

那可真未必。

看过了很多人的成败与得失，也经历过工作上的跌宕起伏，那些成长最后让我懂得一件事：也许我们最后未必会成为一个多么厉害的人。可是，我们要成为自己喜欢的那种人，做自己喜欢的事情，依旧有勇气、有热情、还有好奇心，不断去尝试、去体验。世界无穷尽，人生还长着呢！

Chapter 5

那些牛人，都是熬出来的

认识余小姐是因为公司的一批图书需要插图，并且时间比较紧急，所以公司便把插图的任务外包了出去，我负责和插画师对接，而余小姐便是插画师之一。

余小姐的时间似乎很紧张，她只能在晚上和周末画图，但因为她画技出众，且每次都能精准地用图画传达出我们想要表达的东西，所以我仍然愿意和她合作，只是有问题需要晚上沟通。

余小姐人美音甜，说起话来条理清晰，每次跟她聊天儿总是很愉快。但是相处时间越久，就越觉得她是一个有故事的人。总感觉她虽年轻，却似乎经历了很多事，故而有着不同于旁人的心智，有着多于同龄人的淡定。

过了一阵子，偶然听到其他负责插画的小姑娘说："我们和余小姐可比不了，她手里还经营着一家广告公司呢，哪像咱们以这个糊口啊，人家说不定是个富二代，做插画就是玩玩。”这让我对她更加好奇。

后来，有一次公司需要和插画师们讨论一下具体细节，我才得以见到余小姐的真颜。她长得很漂亮，年纪也就二十五六岁，却开了一辆很不错的车。

我当时想，说不定余小姐真的是富二代，接管了家里公司的业务，可是人家并不是坐享其成，只顾享乐，掌管一家公司已经是非常不易，还能把插画工作做得这么出色，说明她既聪明又努力，是值得人尊敬的。

我曾好奇地问过余小姐，这么多工作，她可以应付过来吗？她低头一笑，说：“时间总是有的，把时间用来做一些喜欢做的事情，每一天都会很充实，还不会感觉累。”

后来，插画的工作结束了，因为和余小姐非常聊得来，我们就成了朋友，仍然保持联系，我也就慢慢知道了余小姐的故事。

原来余小姐根本不是什么富二代，而且她还遭遇了许多家庭变故。

余小姐刚上初一的时候，爸爸出了一场车祸，花光了家里的积蓄，手术后爸爸还失去了劳动能力，只能在家里静养，没过两年妈妈就支撑不下去改嫁了，多亏了叔叔的扶持，她家的日子才能维持下去。

小小年纪的余小姐接连遭遇家庭变故，她变得越发坚强懂事，她努力学习，一心想要撑起这个家。后来她读高中、上大学都是叔叔帮助的，叔叔和婶婶很照顾她，给了她很多温暖。

余小姐读大四那年，她想着很快她就可以在自己喜欢的领域一展拳脚了，她憧憬着自己的未来。可就在这时，叔叔积劳成疾病倒了。叔叔的公司凝聚了他一生的心血，叔叔的女儿才刚上大一，余小姐不能看着公司倒下，于是她毅然决定撑起叔叔的公司。

那一年，她过得特别艰辛，初接手公司遇到了很多难题，余小姐摸索着继续做业务，一边还要经常跑医院照顾叔叔、安慰婶婶。因为家庭变故，在别的女孩还爱撒娇的年纪里，余小姐就已经开始学着撑起家庭的重担。

咬牙苦干了好几年，公司的广告业务终于慢慢步入了正轨，余小姐这时才能让自己稍稍松一口气，利用业余时间干一点儿自己真正喜爱的工作。

我问余小姐：“等你堂妹毕业了，你是否可以解脱，去做你喜欢的和美术相关的行业？”

余小姐说：“我堂妹是学音乐的，一心想搞艺术，我希望将来她能做自己喜欢的事情，我不希望她太辛苦，像现在这样就挺好的。”

知道了这些事之后，我对余小姐充满了深深的敬意。她不仅努力、坚毅，更可贵的是她有担当，她懂得感恩。

当雨雪风霜无情地摧残她的时候，她没有怨天尤人，没有四处诉说自己的不幸，以求得他人的同情，更没有因为残酷的命运而丧失希望，而是用自己的双手撑起家，承担起责任。不管经历了多少苦痛，她依然可以保持一颗温暖又纯真的心，乐观地面对生活。

面对着这个爱笑的姑娘，别人还以为她的生活一帆风顺，还以为她是富二代，靠家里庇护而拥有光鲜的生活，殊不知这都是她用无数血泪换来的，可是她却从不解释。

由此可见，牛人都是熬出来的，当他们得不到他人的理解，甚至被诋毁的时候，他们从来不用对抗、消极和指责来发泄情绪，他们可以自己转化坏情绪，他们受得了常人受不住的煎熬，吃得了常人吃不了的苦，别人的不理解也掩盖不了他们的光芒。

生活中的我们会遇到各种经历，遭遇逆境也别怕，调整好心态，努力工作，好好生活，坚持下去，你就会看见柳暗花明。

你现在不苦，以后就会更苦

[1]

朋友一南毕业后在一家外贸公司工作，负责带她的师傅是老徐。

老徐其实也不算老，他是地地道道的80后，只不过因为不爱锻炼，所以身材微微有些发福，又常熬夜，看起来有些沧桑，再加上他在公司的资历很老，所以大家都习惯称他为老徐。

一南开始觉得有些困惑，老徐性子和善、能说会道的，可在公司已经干了八年了，仅仅是个小组长，除了资历老，对公司的情况比较熟悉以外，并无其他成就。

一南跟老徐久了，慢慢就发现了问题。

她发现老徐是那种只做表面功夫，私下里遇到棘手的任务能躲就躲的人。

首先，在带我朋友这件事上，老徐一直不紧不慢，做什么都不慌不忙的，还叮嘱她不用着急、慢慢做。每当一南有问题请教他的时候，他也总是慢条斯理地说：“这些你不用懂，工作上用不到的。”

他平时也会装作很忙的样子，可到了真正需要他出力的时候，溜得比谁都快。周末大家加班，他也乐呵呵地跟着加班，哪里热闹往哪里凑。

一次公司需要外派人到越南、柬埔寨等地方出差，在决定人选的关键时期，老徐很巧合地“生病”请假了，最后公司只好让其他员工出差了。

后来，老徐一直都为此得意扬扬：“幸亏那时脑子转得快，请假走了，我才不想去那么远的地方受苦受累呢，气候又湿又热，不知道身体能不能适应。”

老徐一直自诩聪明，以为他躲过了麻烦，躲过了困难，殊不知这正是他一事无成的症结所在。

其实，我们身边有很多这样的人。

记得之前看《欢乐颂》的时候，安迪把樊胜美定义为“办公室油子”。安迪对樊胜美的认知可谓一针见血。

这种人往往工作多年，深谙职场的各种规则，经验丰富，但做事不能脚踏实地，拈轻怕重不愿意承担责任。有好处的时候想尽办法捞油水，甚至搞小团体，拉帮结派，一旦遇到事情，就会想尽办法把自己撇得一干二净。

老徐就是这样一种人，他格局太小，考虑事情从来都是从自己的利益出发，舍不得自己吃一点儿苦。试问哪个领导愿意把重任交到这样一个人手里？

老徐自作聪明，以为这样是对自己的保护，以为那种为工作受苦受累的人都是傻子。可是，殊不知现在不苦，以后会更苦。

那个因为老徐请假而出差了三个月的员工，因为工作完成得出色，回来后就升职了。

上班时的老徐死气沉沉、毫无干劲儿，下班后倒是活过来了。

老徐喜欢喝酒，下班后要么呼朋引伴，吃烤串、喝啤酒，要么就去小酒吧喝酒、跳舞。

听朋友说，老徐每个月大部分工资都花在这上面。

由此看来，老徐也是很空虚的，可是把激情放在吃喝玩乐上，哪里比放在工作上来得实在呢？

后来，公司的高层换了一个特别雷厉风行的人。他要求非常高，给员工的任务也很重。

有一次，他给老徐这个组定下了拿下两千万订单的任务，可是他们加班加点儿才拿到了八百万的订单。

结果这个上司大发雷霆，把所有人都骂了一顿，特别是作为组长的老徐。

老徐在公司干了这么多年，可是上司丝毫没给他面子，当着这么多人的面把他骂得狗血喷头。

那一天，老徐特别低落，晚上大家一起出去吃饭的时候，老徐喝了不少酒，他突然狠狠地一拍桌子，说：“我跟你们一起加了这么多天班最后竟然是这么个结果，我已经三十好几了，我明明已经工作这么多年了，为什么如今还是一事无成？”说着说着，老徐竟然抱头痛哭了起来。

老徐虽然很痛苦，可是也不得不说他这是自作自受。平日里对待工作不认真、偷奸耍滑，现在上司对他不满，他连为自己辩驳的余地都没有。他的种种行为注定得不到别人的尊重。

如今，老徐已经三十好几，照理说已经步入中年，可是没车没房没存款，更没有成家立业，每日就这样不思进取地混日子。

每天应付差事确实很轻松，可老徐的苦处都在后头呢！

公司的流动性很大，员工们是来了又走，走了又有新人来。只有老徐一个人，在这里足足做了八年，然而公司并没有给他任何优待，这也很正常，公司需要的是能为公司创造收益的人。

那段时间看着老徐心情郁闷，朋友便问他："你有没有考虑过辞职呢？既然做得不快乐，为什么做了八年呢？"

老徐顶着一张苦瓜脸，说："我在这儿一干就是八年，其他的我也不会啊，离开了这里，我还能去哪里呢？"

像老徐这样的人真正需要的是好好规划一下自己的人生，否则就算在公司干上二十年也是一事无成。

[2]

后来，一南也在工作上遇到了一些问题，工作总是不见起色，她深深地感受到自己的才华配不上自己的野心。

一南恐慌地和我说："我在慢慢沉沦，我变得好迷茫，我在自己放弃自己。我不能接受自己的平庸，我对自己越来越失望，可我又不知道怎么改变，我逐渐变得懒散，变得对任何事物都提不起兴趣。越是到了晚上，我越沮丧。我觉得我在走老徐的老路，我真害怕变成老徐那样的人。”

我开导一南说：“二十几岁的年华是最好的年华，我们还有干劲儿，有激情，也没有家庭琐事的烦累，现在做出改变还容易些，千万别像老徐那样将大好的光阴蹉跎过去，那到时再回头就更难了。”

一南决定振作起来，做一个靠谱的好青年。

一南在外贸公司做了这些年，英语还是不错的，为了有更多的发展机会，她决定再学习一门外语。于是，她报了学习班，利用闲暇时间学习商务日语。

自从报班之后，一南的生活变得充实起来，她再也没时间自怨自艾了。周末的时候，她要忙着上课，每天忙完公司的工作回到家后她还要坚持练习日语。

在一个灯红酒绿的大都市静下心来学习不是一件容易的事情。特别是上班已经很累，下班还要费脑子去学习，这需要惊人的意志力。

记得那段时间，一南用脑过度，再加上缩短了睡眠时间，体重一路降到了八十多斤，可她还是一直坚持下来了。

当她每次有了一点儿进步，能看懂更多文件，能更顺畅地交流了，她的那种开心真的是发自内心，她再也不是之前那个怀疑自己、借酒消愁的一南了。

努力付出总会有回报。

两年之后，日本的客户来一南的公司参观交流，因为一南聪明伶俐，且日语口语很好，所以接待客户的重要任务就交给了她。

最后客户下了一千五百万的订单，领导对一南赞不绝口，给了她丰厚的奖金。之后，一南一直做得很好，升职也就成了水到渠成的事。

虽然，一南的资历比老徐浅很多，可是她肯做出改变，并为之不懈奋斗，所以，她就可以收获和老徐完全不一样的人生。

如今，一南一扫之前的阴霾，已经成了一位职场女强人了。

二十多岁的时候，是我们一生当中比较迷茫、动荡的阶段。我们走出校园，不断调整着自己，寻找着适合自己的职业，学着成长为一个社会人。这期间，有焦虑、有不安、有迷惘，我们甚至会怀疑、否定自己，这都是很正常的事情。但无论如何，我们都不应该放弃自己。要知道一个颓废、平庸的人，到哪里都不会被人欣赏的。

《甄嬛传》中曾有一句经典台词让我印象十分深刻，甄嬛说：“杏花虽美，可结出的果子极酸，杏仁更是苦涩，若做人做事皆是开头美好，而结局潦倒，又有何意义。”

是啊，如果人生注定要吃苦，是先苦后甜，还是先甜后苦，我想人人都应该知道如何选择。

我们越是年轻的时候，人生的可能性越多，你可以改变自己人生的机会也越多。趁着年轻，不要吝啬对自己的历练，你必须清楚，你现在不苦，以后就会更苦。

Chapter 6

熬过等待，遇见花开

Chapter 6

在勇敢说爱的年代，你还在暗恋吗

有人说暗恋是一个人的兵荒马乱，两个人的地老天荒。有人说暗恋是一种不动声色的美丽，对方的一举一动都牵动你的思绪，扣动你的心扉。有人说暗恋很美好，你不求回报，不为人知晓，只愿对方一切安好。

可我却觉得在这个勇敢说爱的年代，为什么要去暗恋？暗恋对于十五六岁的少男少女来说或许是很美好，在以学业为主的年岁，保留内心的一份悸动已是足够；但对于成年人来讲，我却认为暗恋大多时候是为难自己。喜欢一个人就应该让对方知道，如果对方恰巧也喜欢你，那就皆大欢喜；如果对方已经有喜欢的人了，那就及时抽身。何必苦苦暗恋，那不过是自己感动自己。

[1]

我的大学同学阿妍就是这样苦苦暗恋着她的学长。

阿妍在校迎新晚会上认识了我们专业的一位学长，因为他们是老乡，便留了联系方式。从那以后，他俩便一直保持着联系。

慢慢地，我发现了阿妍的变化。以前她是一个埋头苦学的女学霸，现在她经常抱着手机一个人傻笑，上课的时候还走神，一遍遍地在纸上写那位学长的名字。

后来，她还拿到了学长班的课程表，每次学长上体育课的时候，她都会到操场上散步，只为看对方一眼。

我们都猜测阿妍这是恋爱了，可是他们却迟迟没有动静。我们都鼓励阿妍要是喜欢学长就勇敢点儿，拿出学霸的霸气来，可是一个月过去了，他们仍然是朋友。

他们偶尔也会出去吃个饭、喝个奶茶或一起散散步、聊聊天儿，但都是借着老乡的名义。

阿妍每天都会特别关注天气，天冷了提醒学长加衣服，要下雨了提醒学长带伞。他们每晚都会问候几句，互道晚安，然而他们只是朋友。

之后，学长考四级没过，心情便有些低落。阿妍简直比他还着急，安慰他说：“只要好好复习，肯定能过的。”

学长说：“怎么复习？我连笔记都没怎么记。”

阿妍立马说：“我帮你整理笔记，过几天给你。”

从这天开始宿舍的床上，上课的桌面上，阿妍摆的都是英语复习资料。她全神贯注、奋笔疾书，用最快的速度整理出一份英语笔记。我打开一看，字迹清楚、思路清晰，从重点单词、短语到语法，这是下了大功夫了，学长用这份资料复习要是再考不过都对不起阿妍。

我说：“你可真行啊，你这份资料都能卖钱了，你说你为他付出这么多，他看不见吗？他也不跟你表白，你这么做值得吗？”

她说：“我愿意。”

后来，学长生日快到了，阿妍又亲手为他织了一条围巾，打算作为生日礼物。看着她天天晚上和毛线较劲儿，我们都说：“你又不是他女朋友，你费这劲干什么？”可是阿妍却甘之如饴。

结果，这条围巾还没来得及送出去，学长交了女朋友的消息却传开了。阿妍知道后，简直如晴天霹雳，整个人都傻了。

看着阿妍每天茶饭不思，我们找人打听了一下，原来，这位学长不止跟一个女生有过这种小暧昧，他早就在追他们班的班花了，这期间他还和阿妍保持联系，但阿妍只不过是他的一个备胎而已。

难怪他们一直聊天儿却迟迟没有确定关系，那位学长怎么会看不出阿妍的一片痴心，他只不过是装傻而已。

为了这样一个不负责任的男生付出这么多，甚至影响了自己的学习，我真是替阿妍不值。

[2]

朋友晓琼也是一个性情温和内敛的姑娘，喜欢一个男生很多年，也曾以各种身份出现在男生的周围，诸如好朋友、好同学，唯独没有扮演过女朋友这个角色。

每当我看着她为那个男孩黯然神伤时就会问她：“你到底打算什么时候才让他明白你的心意?”

而她每次都说：“我希望他能自己去发现，我不想要自己要来的感情，我想要他主动给的。”

我忙说：“可你们已经认识这么久了，你对他这么好，他就是一块儿石头，也应该能感受到啊。”

每当这时候，晓琼便会为男生找借口，觉得他是太害羞、太木讷，并且表示自己愿意等。况且他们经常发微信、打电话，有时候还一起出去吃饭，她觉得对方肯定不会一点儿也不喜欢她的。

每每听到这种话，我就不自觉地为这些痴男怨女而心焦，可感情的事别人又不好直接插手，也只好旁敲侧击地提醒。

果不其然，过了半年，这个男生跟另外一个女生在一起了，晓琼为此难过了好多天，最后还是决定鼓起勇气去问问男生，到底怎么回事。

晓琼为了找人壮胆，约了我同去。到了以后，男生虽然礼貌地打了招呼，但看起来却有些心虚。晓琼则在一旁不吭声，默默喝了一大杯水，才鼓起勇气问：“我和你相处这么长时间，我喜欢你，你不知道吗？我那么关心你，我一直在等你，现在你突然和别人好上了，还是别人告诉我的，你到底什么意思啊？”

男孩一脸惭愧地说：“我知道你喜欢我，所以我一直在有意或无意间强调咱们是好朋友，你又没有跟我表白，我总不能直接说我不喜欢你吧，我不想让你伤心，我也不想破坏我们之间的友谊。现在我遇到喜欢的人了，你会为我祝福吧？”

晓琼听完，二话没说拿起包就径直走了出去，我赶紧追了出来，却看到她早已哭成了泪人。

晓琼哭着跟我说：“原本我以为他心里是有我的，原来到最后就只是朋友。可他为什么要给我那么多的错觉，让我以为我在他心里会异于别人？”

[3]

有人说，男人和女人来自不同的星球，我想这话是有一定道理的。大抵很多女人都不喜欢太过直接的表达方式，女人喜欢情调，喜欢有人懂自己的心思，想说什么，想做什么，想要什么，都喜欢用暗示的方法，女人渴望找到一个能与自己心有灵犀的灵魂伴侣。可有的男人的确不解风情，不知道女人心里到底在想些什么。你暗示了成百上千次，对方就是没看到，你怨对方是榆木脑袋，自己却又不愿主动开口，结果被他人捷足先登，岂不是悔之晚矣。

“心有灵犀一点通”的确浪漫，但这是可遇而不可求的，若为了这一点儿浪漫错过了一个值得托付终身的好男人，那未免太得不偿失了。

这种时候，我们也需要检讨一下自己。首先，你得确认你的暗示是不是过于晦涩隐蔽，毕竟谁也不是你肚子里的蛔虫，若你要求你的一个眼神别人就能立刻会意，那也未免太苛刻了。这种时候，你就需要把提示再变得明白一些。

可如果你的暗示已经非常明白了，那你就要想一下对方是不是心里真的完全没有你。毕竟感情是不能勉强的。

当然还有一些男人明明知道你痴心一片，可他就是装傻到底，说白了这种人的确不讨厌你，可也没多喜欢你，有可能只是把你当成备胎。

一个人若心里有你，自然愿意借用各种方式找到你、亲近你、关心你，愿意付出一切对你好，会为你的烦恼而伤神。如果一个人从不主动找你，那就别自欺欺人！

另外，对方跟你联系，约你吃饭，或是邀你出去玩儿，那也并不代表这就是真正的喜欢你。他有可能是太无聊、空虚，想找人聊聊天，也有可能是生活苦闷，而你又是一个合格的倾听者。

你需要判断他是否关心你的生活，是否也愿意做你的倾听者，是否也对你的事情感兴趣。你病了他着不着急，你遇到麻烦了他愿不愿意花时间帮你解决，你心情不好了，他难不难受，这些你都需要观察。

你还需要判断你的嘱咐他是否有听进去，你善意的建议是否对他有影响，他是否愿意为了你变成一个更好的人。他若表面上对你言听计从，背地里却依然我行我素，那么就是他对你的话根本不在意，甚至是敷衍你。

如果他选择与你暧昧不清，却迟迟不愿与你确立关系，那么你就更加没有必要为了这种男人而劳心劳力了，沉迷在这种暗恋里只会让自己越陷越深。

所以作为成年人的我们，每天已经有那么多事需要面对，就不要再用暗恋苦苦折磨自己！

如果爱就在一起，如果对方不爱你，那就放过彼此。如果觉得自己不够优秀，配不上对方，那就去努力改变！

不要老想着自己要为他默默做多少事情，还不求对方知道。为什么要爱得这么卑微呢？明明大家都是平等的。

要想爱别人，先要学会爱自己，把自己变成一个优秀的人，勇敢说爱，勇敢爱！

如果你要靠一个男人来拯救，那你就太可悲了

有一些女生在遇到困难的时候总是妄想有白马王子来拯救她，我想这八成是看偶像剧看多了。如果你自己不努力、不上进、不优秀，白马王子也好，青年才俊也罢，为什么要看上你？况且，爱从来都是相互的，你不付出，只一味索取，对方总有烦的那一天。

我的大学同学田馨就是这样一个姑娘。

记得那时候有一段时间，田馨天天嚷嚷着她急需一个男朋友。而原因就是因为田馨失恋了，失恋期的一切都很不习惯，焦躁不安，所以她需要一个男人来拯救她。

田馨之所以和男朋友分手，是因为两周前两人相约去看电影，结果男朋友不知道怎么回事，迟到了有二十分钟，田

馨在电影院的大厅里当场大发雷霆，结果两人就吵了起来，田馨一时气不过就说了分手，没想到这次那个男生没有百般赔礼道歉，而是说：“好啊，分就分！”

这下轮到田馨傻眼了，她没想到男朋友这么轻易就和她分手了。回来之后她还是等着男朋友来道歉，挽回这段感情，但是对方完全没有这么做的意思。

田馨跟我说：“这次是为什么啊？他以前都是顺着我的。”

“烦了呗。”我说，我对此倒并不觉得难以理解。

“那他以前怎么不嫌我烦？”

“人的忍耐都是有限度的。刚开始你发脾气也许他还觉得新鲜，这就像你们之间的调味剂，但时间久了，你总是不分场合地发脾气，让他下不来台，他就不愿意再迁就你了。”

分手之后，男生那边看起来一切正常，天天正常上课、吃饭、自习，或是跟同学去操场打篮球，心情似乎没怎么受影响。

而田馨这边却不同了。以前早上可以多睡会，男朋友会把早点买好放到她书桌上。平日里小零食给她买个不停。晚上有时候还会督促她一起去图书馆看书、自习。周末更是随叫随到，逛街、郊游、看电影，变着花样陪她玩儿。

现在，身边突然少了这么个人，她心里觉得空荡荡的，每天都不开心，课上着没意思，自习更是懒得去，周末就一直窝在宿舍里。

结果期末考试的时候，田馨的成绩一落千丈，英语还挂科了。

她说自己不能再这么下去了，她必须抓紧时间找个男朋友。

我说："怎么的，这男朋友是灵丹妙药啊，有了男朋友你就能通过补考了？"

她笑笑说："至少他能督促我自习嘛。"

"看来在你这儿，男朋友是谁不重要，关键是有这么个人就行。"

"反正我不能再这么堕落下去了。"

"你自己就不能去上自习吗？非得别人督促你吗？周末可以和朋友出去啊，有很多有意义的事可以做啊。"

"自己学习没动力嘛。谈恋爱的这段时间我真的觉得很开心，每天都过得很充实，现在突然分开了就不知道该干什么了。"

“那你要真这么离不了他，你找他复合好了。”

“那怎么可以，多没面子。我要真的找男朋友也会重新找一个，绝不是他。”

我笑着说：“你这哪是谈恋爱啊，不过是找人陪你玩儿罢了，你根本不爱他。”

田馨说：“我不知道，反正大家差不多都这样吧，没谈过恋爱的大学生活是不完整的。”

有很多女人当生活艰难的时候不是想着如何通过自身努力来改变现状，而是希望找个男人让自己获得新生。

恋爱也好，婚姻也罢，它应该是双赢的，让双方都变成更好的人，而不是一方完全依赖另一方，把一切都变成另一方的责任。

天上没有掉馅饼的好事，美好的人生不应该是别人给予的，而是你自己创造的，然后你再去和你爱的人一起分享你们的美好生活。

如果你的生活布满荆棘，你应该自己去解决问题，而不是把另一个人拖进你糟糕的生活里，企图让他来拯救你，这样你有可能把他的生活变得一团糟，也有可能会把他吓跑。

如果你想不清楚这个问题，那么自己的生活一旦出了问题就想让别人来帮助解决，那你永远也学不会独立，你的生活也将麻烦不断。就像柔软的藤蔓需要依靠大树生长，经不起任何风雨。

俗话说："靠山山倒，靠水水干。"所以说，靠谁都不如靠自己！

Chapter 6

安全感只能自己给自己

[1]

桃子和阿远在一起四年了，可是最近两人矛盾不断，桃子嫌弃阿远给不了她想要的生活。

他们刚在一起的时候也曾甜甜蜜蜜，可是现在到了适婚年龄，又看见身边很多人都买房结婚，桃子就越发对阿远挑剔起来。

阿远出生在一个小城镇，家境普通，下面还有一个正在上大学的弟弟，买房这种事只能靠他自己，家里是帮不上忙的。

桃子经常向阿远发牢骚："你看看你，一个月挣这么几千元钱够干吗？什么时候才能凑够首付啊？你爸妈又帮不上一点儿忙，我和你在一起真的没有任何安全感。我把青春都交给你了，我得到什么了？”

每当这种时候，阿远都沉默不语，他一方面明白自己给不了桃子想要的物质生活，可是他又舍不得这么多年的感情。所以他只好拼命工作，并且能省则省，希望能早一点儿买房。

可是桃子等不及，她每天都在抱怨，经常患得患失，她既不舍得和阿远之间的感情，又担心和阿远没有未来。

所谓的安全感，就是人在社会上产生的一种稳定的不害怕的感觉。如果有任何东西使你恐慌害怕，那么这样东西并没有使你收获安全感。

很多女生在恋爱的时候都需要丰厚的物质条件带给自己安全感。她们认为自己的年华有限，假如看不到一个人的前途，就会觉得自己付出的宝贵青春与收获不成正比，就会变得缺乏安全感。

所以，很多女生结婚之前都要求男方有一套房子，有一辆车，有一份体面的工作，认为这些可以为女生带来安全感。

有的人说了："我要求他奋进有什么错？他养我有什么不对吗？"

可是有了物质就一定幸福吗？

安全感是自己给予自己的，不是向别人索取的。如果在感情当中经济不独立，一味索取，反而会破坏双方的感情。

如果安全感来自物质，没有物质就会感到恐慌，把自己的恐慌转移到对方身上，这对对方是不公平的。你需要安全感，对方同样也需要安全感。你要求对方给你好的物质条件，对方同样也会要求你做好贤内助。

有的人为了奢华的生活甘愿嫁给一个没有感情又比自己大很多的人，甚至对方是二婚了，还要接受他的孩子。难道这就幸福了？恐怕是如人饮水，冷暖自知。

我们都是有手有脚、有知识、有文化的年轻人，就算暂时物质方面不是那么好，何必太心急，一起打拼总会得到你想要的。

当你把自己变得足够优秀，优秀到离开谁你都可以精彩地生活，那时你的安全感一定很充足。

[2]

姗姗和她的男朋友是同班同学。这对小情侣是出了名的黏腻。平时他们上课要坐在一起，下课要一起去食堂吃饭，周末也要一起出去玩儿。

姗姗的生活中似乎只有她男朋友，大学几年，我们都有别的学校的老同学来本校看望，姗姗却从来没有。

有一次室友过生日，按照我们宿舍的传统，应该一起到饭店帮舍友庆祝。

可是，刚到餐厅，菜还没上齐呢，姗姗就接到了男朋友的电话，说让她马上回学校一趟，他的一个好哥们儿过来找他，他想要介绍姗姗给好哥们儿认识一下。

姗姗满脸歉意地说："对不起，我先走了，大家玩儿得开心。"

室友略微不开心，说："平时你俩天天黏在一起，今天我过生日这么重要的日子你还不能留下吗？他那个哥们儿又不是立刻就走，你晚会儿见能怎么样？"

姗姗说："等你以后有了男朋友你就能理解我了。"

室友说："今天是我生日，你要是不吃饭就走，咱俩就没办法做朋友了。"

姗姗一听这话也不高兴了，她说："他是要跟我共度一生的人，跟他在一起我才有安全感，你要是我朋友就别为难我。"

说完姗姗扬长而去，留下我们一屋子人面面相觑。

每个人都需要安全感。在爱情中，安全感尤为重要，只有确定自己是安全的，才会产生爱，才会给对方爱。

姗姗就没有安全感，她是两人中爱得较深的那个，当初也是她倒追的男友，她总是害怕两人有一天会分手，所以事事顺着男友。她需要不断确定对方是否爱自己，她需要时时刻刻待在男友身边才觉得有安全感。

有时候，我们也会开她玩笑，说她这是重色轻友，有异性没人性。

姗姗觉得对方是要跟自己过一辈子的人，每天都和他在一起没有什么不好。

可是，真正的安全感是无法从他人身上索取的，真正的安全感来自一个人的内心。

当你的内心强大、笃定、清醒，不患得患失，不惦记着不属于自己的东西，不过分在意得与失，对生命的一切不强求，你自然就会有安全感。

在对方身上索取安全感是愚笨的行为，把自己幸福的筹码都压在另一个人身上，一旦他发生变化，你就会患得患失。而你能指望一个人一辈子不变吗？

只有自己强大了，自己给自己安全感了，我们才能过得心安理得。

Chapter 6

幼稚不可怕，关键在于愿意为你变成熟

周末朋友们聚会，阿洛看起来一直不大高兴，手机一直嗡嗡响，她也不理。几个朋友交换了一下眼神，都会意了，这是跟男朋友吵架了。

我们调侃她："是谁天天在各大平台秀恩爱的？简直让旁人羡慕不已，这才几个月就吵架了？"

阿洛说："你们还有没有良心，我都郁闷死了。"

一问之下，阿洛就打开了话匣子，开始向我们吐槽，数落了男朋友的各种不是，简直是"男朋友的十大罪状"，但总结出来就一点：男朋友太幼稚。

我们听完就笑了，闺密生气地瞪着我们："你们什么态度，不应该安慰我吗？"

我和她的男朋友还真有过一面之缘，爱她吗？我觉得挺爱的，但可能因为年纪小，确实不成熟。

几个月前的一天，我和阿洛约好了一起去逛街，逛着逛着他男朋友打电话过来，原来对方也在附近，就过来找阿洛了。

逛了一会儿，我们就去附近一家自助烤肉店吃饭了。

吃饭时，阿洛的男朋友眼睛几乎都没离开过阿洛，一直给她夹菜，或是说一些情话，甚至有时候他还会笑着对阿洛耳语些什么。

通过他们的对话，我感觉他男朋友确实很爱阿洛，也很依赖阿洛，但是可能因为年龄比她小吧，有时候表达方式比较幼稚，也不太懂得说话的分寸。

由于这顿饭我全程吃得略为尴尬，所以饭后我便说不打扰他俩约会，赶紧离开了。

阿洛还在抱怨，说男朋友太不成熟了，感觉就是交往了一个小弟弟，根本不懂得女生的真正需求。

我们只好安慰她说：“男朋友幼稚没关系，重要的是，他愿意为你变成熟。”

说到成熟的男人，我想到了之前去参加我们公司领导敏姐的婚礼，被他们感动得一塌糊涂。

我们这位女上司能力出众，性格更是温柔大方，她丈夫看起来也是一位谦谦君子。整个婚礼的过程中，她老公的目光从没离开过敏姐，一直深情款款地看着她。

我和敏姐开玩笑说：“我得向您取取经了，您是怎么找到这么成熟儒雅的一位好丈夫的?”敏姐笑着说：“他也不是从一开始就是这样的。刚开始认识他的时候，哪像现在这么成熟礼貌，幼稚得像个孩子。下雨天不知道给我送伞，觉得我打车回来更方便；我生病了不知道照顾我，还在一边打游戏；我生气了也不知道是因为什么。”

敏姐一口气讲了很多她老公以前不成熟的表现，又继续说道：“我那个时候是真的喜欢他，所以只好耐着性子跟他沟通，提出了两个人之间相处的问题。好在他聪明，愿意为我改变。在后来的日子里他确实一直在努力变得更好，甚至还跟比自己年纪大的朋友请教男女之间相处的事。”

“后来他就变得越来越体贴了，不仅在生活上对我无微不至，当我遇到麻烦的时候，他也会尽力去帮我解决，无法替我分担的时候，也会好好地安慰我。”

我想这不仅仅是敏姐的老公聪明，最重要的是他愿意为敏姐去变得成熟。

女生大多会喜欢成熟的男人，因为成熟的男人能捕捉到她们的每一个小情绪，温柔体贴又靠谱。而和幼稚的男生在一起，可能会有生不完的气。

学生时代，我们可以接受男生用欺负人的方式来表达喜欢，但越是随着年龄的增长，我们便会越喜欢男人成熟一点儿。

没有人生来就成熟，所以，就算你的男朋友很幼稚也没关系，你要看他肯不肯为你变成熟。

如果真的爱你，他便愿意照顾你的感受，愿意理解你的所作所为；如果真的爱你，他就会在你伤心的时候安慰你，在你无助的时候成为你的依靠。

所以，一定要找一个愿意为你变成熟的男人，共度这一生的美好时光。

Chapter 6

懂得爱自己才能更好地爱别人

发小乐乐在大学毕业之前就宣布让我们赶紧攒好份子钱，她 25 岁之前一定会把自己嫁出去。

在乐乐 25 岁生日那天，我们这一帮玩儿得好的小伙伴又聚在了一起。D 欠揍地问："乐乐你到底什么时候结婚啊？我这份子钱都快长毛了。"

了解内情的都知道，乐乐已经跟男朋友分手了，所以哪壶不开提哪壶的 D 自然少不了被乐乐数落了一顿。

被虐完的 D 还是很诧异："乐乐不是和男朋友爱得死去活来的吗？怎么会分手呢？"

是啊，爱得死去活来也抵不过金钱和美貌的双重诱惑。

乐乐的前男友并不是出自什么富贵之家，但是工作能力挺强的，算是青年才俊吧。乐乐和前男友在一起的时候，男方家里就总对乐乐不满意，但那时候，乐乐天天做着白头到老的美梦，也没发现什么端倪。

后来，还是朋友告诉乐乐，说看见乐乐的前男友和另一个女生在一起。原来男方的家里给儿子介绍了一个富家小姐，而该男子竟然真的背着乐乐去相亲了。

乐乐去质问前男友，两人大吵一架，最后，对方说自己需要找一个与自己更相配的妻子。

终于，乐乐认清了现实，这段多年的感情以这样不体面的结局收场了。

这件事对乐乐的打击非常大，我们这帮朋友虽然心疼她，但还是觉得能在结婚前认清这个男生的本质，总还是值得庆幸的。况且这段感情，在我们看来从来都是不公平的。

乐乐是那种一旦坠入爱河就会失去自我、一味付出、不求回报的女生。

她和前男友是大学同学。前男友是那种长相斯文、有上进心的人。他俩之间当然也是乐乐先动心的，虽然没有倒追，但是也没少向对方示好。对方在操场打篮球的时候，乐乐几乎场场不落地去看，顺便加个油、送个水，于是两人就顺理成章地在一起了。

Chapter 6

乐乐每天都沉浸在两人爱情的小世界里，恨不得男朋友提的任何一个要求，她都愿意满足。

那时候，那个男生心心念念想买一台笔记本电脑，乐乐知道后，就决定给男朋友一个惊喜。

她制订了省吃俭用的计划，每天吃饭都是馒头就榨菜，业余时间还去做兼职，更为此放弃了她一直想买的一件羽绒服。几个月后，她终于攒够了钱，把一台崭新的笔记本电脑送到了男友手上。因为心头的这份爱，整个寒冬她都没觉得冷。

看着乐乐的样子，别人都以为她男友有多宠她，其实，他男友整个大学期间并没有长时间陪着她，但她从不抱怨，说是男朋友特别求上进，她是完全支持的。

这个男生确实很上进，自尊心极强，什么事都希望做在别人前头。大学期间，他就经常忙着各种考证，英语啊，计算机等级啊，驾照啊，等等，能用上的，他都积极去考。这本是好事，值得赞扬，但是这些都需要花费不少额外的资金，而这个男生家里并不宽裕，所以少不了要乐乐经常接济他。为此，乐乐没少亏待自己，甚至寒暑假都要减少回家陪父母的时间去打工。

我们看到乐乐的这种状态也没少劝她，但没办法，正处于热恋期的女生又怎么能听得进去呢？

后来，这个男生又打算考研，乐乐又辗转找到一个专业对口的学霸型学姐，借来她的笔记，亲手抄了一份送给了她男朋友。我们都问她："你复印一份不行吗？"乐乐说："我亲手抄一遍，当他学习懈怠的时候，想到我抄写得那么辛苦，就会打起精神来了！"

我们听后都哑口无言，痴情到乐乐这个地步，我们自然是甘拜下风。

可是就是这样一个善良女孩的一片真心，最后竟然落得这样一个结局。

由此可见，在爱情中肯付出当然是好的，但若是迷失自我、盲目付出，最终或许未必能善始善终了。一个人只有懂得爱自己才能更好地爱别人。

这个男生如果真的疼爱乐乐，又怎么会一次又一次地接受女友的接济，看着女朋友放弃自己的心爱之物来成全他的喜好；又怎么会忍心女朋友寒来暑往地为了他出去做兼职。

越是这样满足他的一切要求，他越是心安理得，越是不懂得珍惜别人的付出，慢慢变成一种习惯，他便觉得对方为他做什么都是应该的了。

作为局外人的我们，常常觉得这样的人太傻，但在我们的生活中，这样的例子却有很多。

记得之前我的一个朋友在参加完她同学的一个婚礼之后，心中无限感慨，拉着我聊了许久。

她的朋友姓白，我们就叫她白小姐吧。白小姐人长得很漂亮，中学时候是学校校花。我看过她照片，是那种带着点儿异域风情的长相，真的很美。

大学以后，她被一个男生狂追，很快两人就走到了一起。

据朋友说，白小姐谈恋爱之后，就是那种完全“重色轻友”的类型。她几乎把所有时间都花在男朋友身上。周末，室友们一起出去爬山、逛街，进行许多有趣的活动，但她几乎都不参加。唯一一次，宿舍一起去 KTV 唱歌，白小姐去了，但还是带着男朋友去的。

她属于那种一旦坠入爱河，就不再有自己的朋友圈的人。

后来，还在大学期间的白小姐意外怀孕了。而白小姐做出了一个惊人的决定，那就是留下这个孩子，她要和男朋友结婚。

白小姐的男朋友的家乡位于西北偏远地区，距离我们生活的这片土地可以说是远隔千里。他将来在哪儿工作，都是很难确定的。对于当时还是学生的他们来说，将来变数太多。况且，那时候大家也还不成熟，万一将来后悔就来不及了。所以朋友们就劝白小姐慎重一点儿，毕竟那时候离毕业还有差不多半年的时间。

白小姐后来考虑良久，还是觉得应该坚持自己的决定。她觉得既然他们相爱，就不应该打掉他们爱情的结晶，况且男朋友答应她，将来会留在北京，会努力打拼，让她和孩子幸福的。

白小姐的家人自然对此是非常反对，但女儿一味坚持，他们也没办法。

婚礼是在毕业前两个月左右举行的，因为再不举行，白小姐的肚子就会被看出来了。

那时候，白小姐的朋友们大多还在上学或是实习，所以都不方便去参加婚礼。

朋友觉得，这个时候白小姐身边总得有朋友，就去了白小姐的老家，送她出嫁。

朋友说，由于新婚夫妇还没大学毕业，所以这个婚礼并没有大办，而且在时间上也非常匆忙，根本来不及好好筹备。再加上女方的父母对女儿和女婿的结合并不是发自内心接受的，来的亲朋好友也不是很多。所以白小姐一生中最重要的时刻，就在这样匆忙、落寞而又心酸的氛围中开始并落下了帷幕。

去参加婚礼的朋友觉得很难受，因为白小姐太不给自己留后路了。

我也只好安慰朋友："虽然大家不看好，但人是白小姐心甘情愿嫁的，也许那个男生真的能给她美好的生活呢。"

后来听朋友说，白小姐在父母这里坐完月子后，就和老公到北京打拼了。他们在北京租了一个小房子，白小姐学着自己一个人带孩子，她老公则在一个 4S 店做销售。

朋友去看过他们几次。起初，他们过得也还可以，虽然房子小小的，生活也很清苦，但家里被白小姐收拾得还算整洁、温馨，她也并没有后悔。而她老公为了维持这个三口之家也还算努力。

可是两年之后，她老公开始不愿意留在北京了。他觉得北京压力太大，何时才能买房子拥有自己的家呢？他鼓动白小姐和他回他的老家去。

可是白小姐不愿意去，那边实在太遥远，要是去了，以后过起日子来有那么多琐事，再想回来看父母是非常不方便的。而且，跨越好几个省份，生活习俗、饮食习惯等都有巨大差异，再加上那边没有白小姐的亲朋好友，自己肯定会非常难以适应。此外，那边的经济不发达、生活设施不齐全、发展机会少也是不能忽视的事实。

两个人为此没少拌嘴，白小姐觉得既然当初是他答应要留在北京的，就应该做到。

而她老公觉得父母已经年迈，他不想总这样一年年地不在他们身边。而且，他在北京没有任何人脉，他想回老家做点儿小生意。

他们夫妻双方都有自己的诉求，我们也不能说谁的诉求是无理的。也许，怪只怪当初太年轻，不知世事艰难，把生活想得太容易，轻易就许下了承诺。

最后，还是白小姐妥协了，带着儿子，去了老公的家乡。据朋友说，他们走的时候的画面，那真是让人不忍心看。尤其是白小姐的妈妈，简直像把她的心挖走了一样。

确实，虽然我们平时也经常会说，现在交通多发达啊，去哪里都很方便。可是，婚后会有各种各样的事情牵绊着你。夫妻两人平时肯定都有自己的工作，就算要回娘家，肯定要赶在节假日。俗话说："计划赶不上变化。"万一，节假日的时候孩子生病了，或是公司突然加班，或是没有抢到车票等，都会阻挡回来的脚步，而这些都是无法预估的。再说，相隔甚远，昂贵的交通费，回到家以后的花费，对于那些不是很宽裕的家庭来说，也是不能不考虑的现实。所以，远嫁的女儿确实不是那么容易再见到的。

这时候，我想起了朋友当初说的那句话，"白小姐太不给自己留后路了"。是啊，年轻的我们眼界有限，不能看得那么长远。处在甜蜜爱恋中的男女往往觉得真爱第一，一切都会为爱情让路。

可是事实并不是这样，当种种现实问题接踵而来的时候，我们可能真的会心力交瘁、应接不暇。《裸婚时代》里面有一句话说："细节打败爱情。"男女之间结合，不能没有爱情，可也不能只有爱情。

我不知道，如果命运再给白小姐一次选择的机会，她还会不会这样选。但一切已成定局，再说如果，也没有意义。

所以，年轻的我们，面对感情不要那么冲动，一点儿后路都不给自己留。就算是为了父母，为了那些关爱我们的人，我们也应该好好地爱自己。

如果此时相爱中的我们还幼稚、迷惘，不妨多想一想，不妨多听取一下父母或朋友的意见，不妨稍微等一等再做决定。

另外，一定要记住：懂得爱自己才能更好地爱别人。

Chapter 6

感情不能只是嘴上说说而已

我的朋友艾小姐和男朋友在一起已经五年了，在外人看来他们的感情非常稳定，现在他们已经到了谈婚论嫁的地步了，可是艾小姐却犹豫起来。这个跟自己相处了五年的人是否能跟她相伴一生，她对他们的感情没有信心。

艾小姐的男朋友个性开朗，是一个很阳光的人。他们刚在一起的时候，他每天晚上都会跟艾小姐煲电话粥，他会讲好笑的笑话，会说动听的情话。

艾小姐生日的时候总能收到男朋友送的一大束玫瑰花，艾小姐要是买了新衣服，他也一定会变着花样地夸赞好看，在朋友面前也从不吝啬对艾小姐的赞美。

他还告诉艾小姐，他对他们婚礼的构想，婚礼现场怎么布置，要请哪些客人，要请谁做伴娘、伴郎。

那个时候，艾小姐真的觉得自己是天底下最幸福的女人，找到了一个这么贴心的好男人。可是，慢慢地，事情发生了变化。

让艾小姐彻底绝望的其实就是一件小事。

艾小姐在房地产公司的广告部工作，压力非常大，每天都要应对工作中的各种挑战和复杂的人际关系。

有一天晚上，艾小姐又加了班，工作结束之后，她穿着高跟鞋，在公交车上站了一路才回到家，一进家门感觉自己都快散架了。可是家里却凌乱不堪，衣服扔得满沙发都是，桌子上散落着一堆乱七八糟的东西，地上还有很多瓜子皮，而她的男朋友此时正在房间里打游戏，时不时传来他兴高采烈的欢呼声。

艾小姐一时间觉得头痛欲裂。

这只是生活中的一件小事，却是压死骆驼的最后一根稻草。

艾小姐颓废地瘫坐在沙发上，往事的点点滴滴涌上了她的心头。

艾小姐和男朋友租的房子离她男朋友的公司很近，可是离她的公司坐公交需要一个小时车程。

艾小姐每天早上都要比男朋友早起一个多小时，做好早餐，然后乘坐公交车上班。而她男朋友可以睡个饱觉，起来吃现成的早点，再慢悠悠地去上班。

晚上自然也是男朋友先到家，可艾小姐下班后从来吃不到一口现成的饭菜，男朋友不会做饭，艾小姐到家后还要忙着做饭。

遇到下雨天，公交车会变得格外拥挤，出租车也不好打，男朋友却从来没有接过她。艾小姐一向善解人意，她自己不提，男朋友便乐得不做。

艾小姐发烧在家养病，男朋友给点好外卖之后，安慰几句就又去打游戏了。

当艾小姐在公司和同事产生矛盾，心情郁闷的时候，男朋友也从来不会给出合理的意见，他只会摸摸她的头，说："乖，别生气。"

艾小姐的男朋友就像一个大男孩儿，这么多年过去了，他依然没有成长。女人恋爱时是会被男人的孩子气吸引，但婚姻更多的是责任，女人需要男人的成熟。

艾小姐说："我需要的是一个在难过时可以依靠、在我遇到麻烦时可以同我分担的人，我不需要只是嘴上说说的爱情。"

是啊，嘴上说得再好听，也不如干一件事来得实在！

因为艾小姐的事，我便也想到了自己曾经的一段经历。

之前朋友看我一直单身，便介绍对象给我认识。

因为是朋友介绍，所以我就放心地加了微信。对方很殷勤，又是要照片，又是各种聊天儿、问候，搞笑段子、动听的话信手拈来。

几天之后，对方就说喜欢上我了，可我俩还没见过面呢！

我说："你了解我吗？就说喜欢我，你的感情来得也太快了吧。"

对方说："这和时间没关系，是你魅力太大了。"

然后，他每天都会给我发早安、晚安，说各种情话，忧伤的，倾慕的。

当时我心想，要是我是十几岁的小姑娘，也许我会被他的情话所打动，但现在我很难因为他的甜言蜜语而坠入爱河。

可是，即便他嘴上说得这么热闹，可是却一点儿实际行动都没有。

我曾提议周末的时候见面，一起吃饭，增进一下了解，可他多数时间都会找理由推托。我知道是因为当时我们住的地方距离远，他懒得过来。

有一次，我正好去离他住处不远的图书馆借书，他便提议我们一起吃饭。他带我去了一个小店吃石锅拌饭，一共只花费了五十块钱。

我倒不是一个多么追求物质的人，但一个男人和你第一次见面连一顿正式的饭菜都不愿请，你还能指望他为你做什么呢？

吃完饭的路上，我提着好多本书，他也完全没有帮我拎一会儿的意思。

回到家我便第一时间和他结束了这段关系。

有的人就是这样，妄想空手套白狼，除了甜言蜜语以外，连任何一点儿时间、精力和金钱都不肯付出。

情话每个人都会讲，嘴巴一张一合，完全不用负责任。

而那些肯费心费力地去为你做点儿什么的人，才是真的值得托付的。

随着年龄的增长，我们越来越明白，要看一个人是不是真的爱你，不是听他说了什么，而是看他做了什么。

所以，如果你是真的爱一个人，请你用具体行动来表现，而不是光嘴上说说而已。

Chapter 6

少对别人的爱情指手画脚

[1]

一天，我和好朋友阿飞去市中心的商场购物时，挤在人满为患的电梯里。

电梯停靠在7楼时，最后上来的是一对儿学生模样的小情侣。男生高瘦挺拔，阳光帅气，目测一米八的样子，是现在流行的那种“大长腿帅哥”类型的，应该是很多女生会喜欢的类型。女生长得很一般，身高一米五几的样子，身材的话，用偏胖来形容已经十分委婉。很明显，这一对儿，不是平常人眼中“外貌般配”的情侣。男生先一步走进电梯，为女生在拥挤的人群中开辟出了一片空间。

然后，那位女生非常小心翼翼地走进电梯，进来后抬头看着男友，用很细微的声音说："幸亏刚才电梯没有响，要是因为我而超重了的话，就丢脸死了。"

我跟好友一个眼神交会，心照不宣。

谁知，男生脸上露出一个不经意的微笑，一脸宠溺地看着女友，顺手揉了揉她的头发，说："就算超重了也很正常，因为，你手里拿了一大杯可乐啊。"语罢，完全无视电梯里的一片惊愕。

阿飞对着我迅速地眨了一下眼睛。

我知道她想说什么。嗯，麦当劳的可乐——真的很大杯。

出了电梯以后，走在我们前面的两个女生的八卦不小心落入了我跟阿飞的耳朵里。

一个女生拍了拍胸脯，做了一个很夸张的表情，说："噢！刚才我们真的是在乘电梯吗？不是误入了偶像剧的拍摄现场？作为单身人士，真是非常羡慕了。"

另一个接着话茬儿，说："那个男生看着还蛮帅气的，女生嘛，就很一般。可是看起来男生好像很喜欢女生。你说那个男生看上女生哪一点了……"

“不知道，搞不好人家喜欢最萌身高差呢。”

我猜，有这种想法的绝对不止她们两个，从电梯里大家的反应就知道了。

刚才那一幕，绝对比当下流行的言情小说和肉麻偶像剧还要温暖治愈。我还注意到一个细节，虽然电梯里拥挤得呼吸都困难，但男生却一直很努力地用自己的双臂圈出一个安全范围，护着怀里的女生。女生脸上则全程挂着羞涩又甜蜜的笑容。

也许旁人看来这一对并不般配，可是他们就是那么甜蜜，那么在意彼此。

在爱情的世界里，从来都是如人饮水，冷暖自知。当两个人沉浸在爱情的世界里的时候，爱情会为他们画一个圈儿，圈子里是他们独有的世界和空间，是旁人看不懂的婉转和情深。往往，爱情表面的般配，只是旁人肤浅的判断，至于爱情的里子，是清茶，是美酒，还是苦咖啡，只有当事人自己才知道。

[2]

江小雅是我的一个中学同学，鹅蛋脸，柳叶眉，长腿细腰，标准的美人胚子。

她从初一开始桃花就不断，一个学期下来，抽屉里的情书多得可以用来当草稿纸。最难得的是，她学习还很好。她躲避那些缠人的围追堵截最简单也是最常用的方式就是，放学拖着我一起走回家的路。

那个时候，我就在想，将来什么样的男孩子才配得上她的喜欢？起码是小说里那种高大帅气，各方面都很优秀的男孩子吧。

后来，我们进了不同的高中后联络变少了。再后来，我们在不同的省份读大学，每年只有年底的同学聚会才能碰上。大家开玩笑说："什么时候把你男朋友带出来看看，让我们鉴定一下。"她一直没有回应这个话题，直到大学毕业第二年的冬天，她破天荒地说要带家属出席聚会，我们当然求之不得。

然而，当天聚会，所有到场的人都大跌眼镜。

Chapter 6

在我们不了解一个人，也没机会去接触了解的情况下，也只能从他的外表去评判打分。江小雅的男朋友 Y，是一个非常非常普通的男孩子，真的是那种掉在人堆里就找不着的人，整体感觉就是很平淡的一个人。但是江小雅不一样，她是那种远远看过去就很抓人眼球的女孩子，出场自动加特效的那种女生。

所以，这两个人出现在我们眼前的时候，我们总觉得画风不太对。

一顿饭，大家吃得各怀心事。

有一个好事儿的男生，直接在饭桌上挑衅起来了，说："Y，快点儿给我们说说，你是怎么把我们大美女江小雅追到手的，当年她连正眼都不带瞧我们的，现在倒被你这个不知道从哪里冒出来的臭小子占了便宜。"

Y 似乎对这种阵势早已习以为常，淡然自若地看着身旁的小雅，很幽默地回了一句："没办法，小雅她近视又不爱戴眼镜，眼神不好，所以就看上我了。"

一边说话，一边还不忘给小雅剥虾皮。而小雅坐在那里，安静地笑笑，也不说话。

等 Y 被男生拖去包厢外面抽烟的时候，几个女生绕过桌子，将小雅围了起来。

“小雅，这个人什么来头啊？老实交代！”

“你们什么时候开始的，谈恋爱多久了啊？”

……

尽管大家问了很多问题，也期待剧情有所反转，但最终也没有得到什么惊天动地的答案。小雅只是说，他对她很好，跟他在一起很幸福。

隔天，我们约了一起逛街，才对他们这段感情有了更多的了解。

他们两个居然是在公交车上认识的。大一的某个周末，小雅乘坐公交车去市区买东西，站在旁边的一个男生看了她很久，一副欲言又止的样子。她以为又是搭讪的人，并不想搭理，还往旁边挪了挪位置。结果，那个男生居然又跟上来了，还恰好挡在了她的身后。她顿时有点儿恼怒，觉得这个人好奇怪，正准备发脾气。那个男生突然结结巴巴地说了一句：“你，你衣服后面弄脏了，我把外套借给你穿吧。”

这下小雅才恍然大悟，原来是因为这个。当时，她心里既感激又悔恨。

没多久，Y 就向小雅表白了。小雅拒绝了。他又表白，说可以等。就这样，一个表白，一个拒绝，中途又发生了很多事情，一年半后，他们成了男女朋友。

后来，家里人知道了，死活不同意。因为男孩实在太普通，家境也很一般，还是单亲家庭。但是他们还是顶着压力在一起了，也没有像大家预测的一样毕业就分手。

本以为过了这么久，父母也该接受 Y 了，没想到毕业后父母反对的声音更强烈了。他们说："你之前谈谈恋爱也就算了，现在已经工作了，得找一个条件好的人家，正儿八经地结婚安定下来了。你跟 Y 在一起，我们是绝对不会同意的。"所以，这次她把 Y 带回来，主要是为了见父母，企图说服爸妈，扭转他们的观念。

小雅说了很多他们之间的故事，都是些琐碎平淡却又触动人心的温暖。其中有一件，我印象特别深刻。

他们热恋的时候，Y 还只是一个穷困的在读研究生。除了跟小雅在一起的时间，Y 只会做三件事情，上自习，做实验，打工。因为不在一个校区，Y 每天早晚步行四站路，接送小雅上下课。

夏天很热，冬天很冷，小雅都记在心里，感动之余，也不免有些心疼："你不用每天送我的，你导师那边不是也挺忙的?”

结果 Y 说：“我乐意啊。”

“那你明天早上坐公交车来我这边吧，天冷了，我不想你走那么远。”

“没事儿，我就当是锻炼身体了。再说我每天省下来 4 块钱，你早饭可以加一杯热豆浆啊，多买两个包子也行。”

小雅跟我说这个故事的时候语气很平淡，但我知道波澜不惊的外表下是汹涌的暖流。我似乎明白，她为什么那么抗拒家里的安排，抗拒与条件好的男生的相亲，而执拗地要和父母口中的穷研究生在一起了。

因为在大家都看不见的地方，那个人对她真的很好，以后，应该也会一直好下去。

[3]

我没有追过星，也很少有什么喜欢的明星情侣，总觉得在娱乐圈这个纸醉金迷、光怪陆离的世界里是不会有什么深情真爱的。况且，又有那么多“秀恩爱，死得快”的前车之鉴。但是，今年不同，张晋和蔡少芬这一对绝对是个例外。

Chapter 6

表面上蔡少芬很爱老公，事事以老公优先，给足了张晋作为一个男人的面子。但是如果你仔细地看他们夫妻参与的综艺节目，你会发现张晋其实很疼爱老婆的，一般来说，蔡少芬的决定他都是绝对拥护的。而且两个人只要一个眼神交会，就知道对方想要表达什么了。

明星经常过分地秀恩爱是会失去粉丝的，但这一对却是越秀越火。我想，可能是因为他们脸上那种发自内心的笑和幸福感，在无形之中感染了大家。

然而，今天大家眼中的天造地设、郎才女貌的一对，当年却非常不为人看好，情路走得十分艰辛。他们是 2003 年因拍摄电视剧《水月洞天》和《灵镜传奇》结缘，并建立恋爱关系的。

到了 2007 年年底，蔡少芬亲笔写信，传真给香港各大报社宣布婚讯，一石激起千层浪。势利眼的香港媒体，从两人结婚酒店偏远、男方是个无名小辈、只有堪称穷酸的家庭等各方面对他们的婚姻冷嘲热讽，说武打替身出身的张晋，不论名气、地位、财力，无一配得上众所周知的美女，TVB 当红花旦蔡少芬。2008 年，两人还是顶着各方面的压力结婚了。即使在婚后，张晋依然会时不时地遭到港媒的嘲讽，说他给不了蔡少芬阔太太的生活，说他靠老婆上位，等等。

2014年，第33届香港电影金像奖，张晋凭借电影《一代宗师》拿到了最佳男配角，领奖时，他站在麦克风前真情告白："以前很多人说我这辈子都要靠老婆蔡少芬，没错，我一辈子的幸福都要靠她。"这个时候，蔡少芬在台下感动得落泪。看到那一段视频的时候，我心里想的却是，虽然张晋是个武打替身出身的粗糙汉子，却不代表这些年他没有被流言伤害，但是因为爱，因为相守，他们两人都挺过来了。

如今，结婚7年，他们依旧恩爱如初。蛰伏14年的张晋，也终因《杀破狼2》变身武打名星、新晋男神。在遭遇那么多质疑的声音之后，这一对终于被大家认可为"般配"的一对。

但是我想，在他们的心中，别人的认可与否应该根本没那么重要吧。重要的是他们彼此相爱、相知、相守。因为，在爱情的世界里，对两个人"般配与否"最有话语权的是当事人本身。

当我们用世俗的眼光去看待爱情时，最终也只能得到一个世俗的答案。

很多时候，旁人能看到的只是事情的表面，只是两个人的身高、长相、学历、经济等外在条件的匹配，而不是他们内心的交流和感受，更看不到他们给彼此的爱意和温暖。所以，我们才看不懂那些“不般配”的爱情。可是大家都忘了，往往不般配的爱情，都有很深刻的原因，都有旁人看不懂的情深。那些所谓的不般配的蹩脚理由，都是旁人臆想出来的，并不是当事人真实的看法和感受。所以，还是少插手别人的爱情，少对别人的爱情指手画脚比较好。